カラスの常識

柴田佳秀

寺子屋新書
023

はじめに

いちばん嫌われている鳥

「カラスですか？　大嫌いです！」

カラスが好きか嫌いかの質問を投げかけると、大半の人は嫌いだという。とくに女性には人気がない。かつて私が幼稚園教諭の研修会で同じ質問をしたときも、ほぼ全員が嫌いという結果であった。では、どうして嫌いなのか。

「だって、真っ黒で気持ち悪いじゃないですかあ」

「黒くて不吉な感じがするから……」

どうも黒くて不気味というイメージが強いようである。

黒というのは、「悪」「死」「恐怖」を連想する縁起が悪い色と一般には思われている。なるほど、現代の葬儀では黒い服にネクタイも黒というのがマナーだ。死神だって黒い服を着ている。だから真っ黒なカラスは「縁起の悪い不吉な鳥である」というわけだ。

大きくて怖いから嫌いという意見もある。

いちばん身近にいるハシブトガラスは、全長五七センチ、翼を広げると一メートルを超えるたしかに大きな鳥である。最近の都市部では、カラスはあまり人を怖がらなくなっているので、ほんとうに間近でカラスを見ることがある。異常接近遭遇でカラスに出会うと、思っていた以上に大きな鳥でびっくりする。そして、黒光りする鋭い巨大な嘴。カラスを見慣れた私でさえ、ごく間近で見て怖いと思ったことが、じつはある。

カラスは、お行儀もよろしくない。

カラスのゴミ置き場荒らしは、日本各地の都市で見慣れた光景になったが、道路いっぱいにゴミが散乱している様子には思わず「うわっ」と声が出てしまう。カラス除けのネットをかけても、少しでも隙間があれば、あざ笑うかのようにゴミを食い散らかす。このお行儀では、「まあまあ、穏便に」なんていってくれる人はまずいない。

ほかにも、早朝から大声で「カアーカアー」と鳴き続けて安眠を妨害したり、道を歩いていただけで突然襲ってきたりと、カラスの行動は、何から何まで人の気持ちを逆なでする。

じつは、鳥が好きな人にもカラスは嫌われている。その理由は、ほかの鳥の邪魔をするからだ。たとえばかっこいい猛禽を見ているときに、カラスがちょっかいを出して邪魔をする。かわいい小鳥のヒナの成長を楽しみに観察してきたのに、もう少しで巣立ちのところでカラスに食べられてしまう。だから、カラスだけは嫌いなのだという。

カラスの嫌いなところをあげていくと、紙面がそれだけでつきてしまうので、もうこのくらいにしたいが、とにかく嫌われているのである。

もちろんこれらの行動は、カラスが人を困らせようと思ってやっていることではない。カラスの世界では、ごく常識的な行動なのである。でも、人はそんなことを理解できるわけはなく、カラスは嫌われる。何とも悲しい関係である。

カラス団扇を求めて七万人

これほど嫌われているカラスだが、そんなことを感じさせない場合もある。

東京都府中市の大國魂神社では、毎年七月二十日に「すもも祭り」がおこなわれ、カラスの絵が描かれた団扇（写真1）が頒布される。その団扇を求め、一日になんと七万人もの人が訪れる（写真2）。あんなに不気味だとか不吉だとか忌み嫌っているカラスに、人々が行列

写真1　カラス団扇

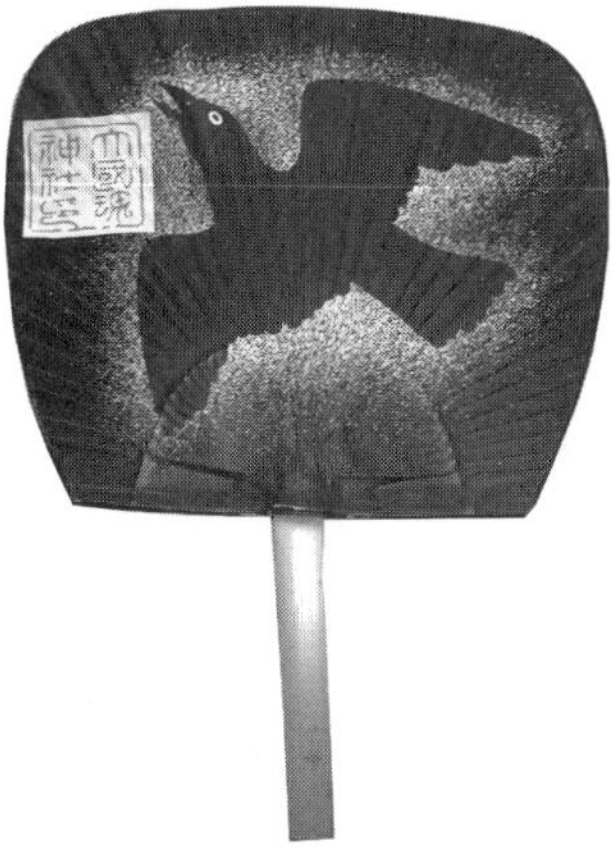

写真2　7月20日、カラス団扇を求めて行列をつくる人々

をつくるのは、何度見ても不思議な光景である。

この団扇には、あおぐとあらゆる災いが去ってしまうご利益があるという。また、玄関に飾っておくと、家に災いが入って来ない。ようするに厄除けなのである。

なんでも神社の由来によると、昔、畑の作物が害虫の被害に遭い農民が途方に暮れていたところ、「カラスの団扇でもってあおげ」というお告げがあり、あおいでみたら、たちまち効果があった。それにちなんで厄除けとしてカラスの団扇が頒布されるようになったという。社殿に並び、つぎつぎにカラスの団扇を買い求めていく人々の様子を眺めていると、「カラスはほんとうに嫌われているのだろうか」と思ってしまう。

ほかにも、嫌われているはずのカラスを使ったキャラクターがけっこうある。

たとえば、日本サッカー協会のマークが、カラスであるというのはかなり有名な話である。このカラスは、カラスといっても特別な存在、神の使いとされる三本脚の「八咫《やた》ガラス」で、チームを勝利に導く縁起のよい鳥だから採用されたという。不吉な鳥であったはずのカラスが、ここでも団扇と同じく縁起がよいとされる。

また、若者のファッションブランドにも、カラスをキャラクターにしているものがある。アメリカの「モダンアミューズメント」である。Tシャツからジーンズ、キャップまで、あらゆるアイテムにカラスが描かれている。

原宿や渋谷を行き交う人を注意して見ると、カラスの絵が書かれたモダンアミューズメントの服を着ている若者にけっこう出会うし、インターネットのオークションでもかなりの数が取引されているので、相当人気があることがわかる。なんでも、このブランドを創立したデザイナーは日系人で、ニックネームが「crow」、すなわちカラスだった。それにちなんで、ロゴマークをカラスにしたということだ（http://modernamusement.jp/concept.html）。ファッションブランドのマークになるとは、ゴミ置き場のカラスの姿からはちょっと想像できない。

野生の常識と都会人の常識

前述したように、カラスを取り巻く状況を冷静に見つめていくと、いったいぜんたい嫌われているのか好かれているのか、わからなくなる。ほんとうに不思議な立場の鳥だと思う。

私は仕事柄、専門家以外の人とも鳥の話をすることが多いが、とくにカラスの話題になると話が弾む。それも一方的に私が情報を提供するのではなく、じつに多くの人がカラスに関する何かしらのエピソードをもっている。カラス以外にこんな鳥はまずいない。

身近な鳥の代表であるスズメでは、話が盛り上がった記憶がない。話をスズメに振っても、「スズメねえ、そういえば最近見ないわねえ……」といわれるのが関の山である。どうもスズメは、空気のような存在で、意識の外にあるようなのだ。

ところが、カラスは、いまも昔も人々の心の中にしっかりと存在し、いつの時代も気になる鳥なのである。

かつてカラスは、現在ほど嫌われる鳥ではなかったようだ。たとえば、大正時代につくられた童謡「七つの子」や「夕焼小焼」の歌詞を見ると、カラスを憎んでいるというニュアンスはみじんもない。それどころかむしろ、好感がもてる愛らしい生きものとして描かれている。これらの歌がつくられた大正時代には、カラスは人と敵対する関係ではなく、故郷の美しい風景にとけ込んだ哀愁漂う生きものだったのだろう。

そんなカラスの立場が非常に悪くなったのは、一九八〇年代からである。ゴミ置き場を荒らす厄介者として、また、人を攻撃する危険な動物として、たびたびマスコミに登場するようになってからカラスは憎まれる対象になった。さらに二〇〇一年に石原東京都知事の一声ではじまった東京都のカラス対策により、カラス=悪い鳥という図式が日本の人々の意識のなかに定着してしまった。

私は、一九九六年ごろからカラスと深く向き合うようになったが、調べれば調べるほど、カラスが単純に人に害を与えているとは思えなくなった。都市部でのカラスの被害と呼ばれるもののほとんどは、現代人の生活、とくに都会人の暮らしの嗜好やライフスタイルと深くかかわっていて、一概にカラス側だけの問題とはいえないのである。

カラスが野生動物なのはいまさらいうまでもない。現在、問題視されている行動は、カラスの視点から見れば至極当たり前のことであり、野生の世界では常識的な行動である。ところが、都市部に住む人々には、カラスが野生動物であるという認識がなく、そのうえ野生動物の習性に関する知識が著しく欠落している。このことがカラス問題をこじれさせている原因に思えてならない。

日本では二十一世紀に入り、人と野生動物のトラブルはカラスだけでなく、ツキノワグマやニホンザル、イノシシなど、いろいろな動物で発生している。人間第一で考えるならば、これら人に害をもたらす動物は減らしていくべきであるという意見があるが、ほんとうにそれでいいのだろうか。先進国を自負する日本ならば、何らかの方法で日本に古来から棲むこれらの生きものたちと共存していく道を探るべきではないだろうか。クマやサルが、そしてカラスがいない日本の自然は、どう考えても健全な環境とは思えないからである。

いずれにしても、早急に何らかの対策を立て、野生動物と人がうまくいっしょに暮らしていかなければならない。

そのためにも、野生動物である「カラスの常識」を知っていただくことがなによりだと思う。本書はそんな思いを込めて記した。

一刻も早く、人とカラスの不幸な関係が解消され、昔のように人々がカラスをなつかしい風景の一部として眺められる穏やかな時代になればと願っている。

カラスの常識●目　次

第1章

誤解だらけのカラス

数々の珍説・奇説・都市伝説

カラスほど、誤解されている生きものはいない。誤解だらけといっていい。たとえば、羽の色から連想する誤解である。ただ真っ黒というだけで、不吉とか縁起が悪いなどといわれているのである。黒という色はネガティブなイメージがつくられやすく、カラスの評判をさらに下げる原因となっている。もしカラスが青い鳥だったら、運命はかなりちがっていただろう。

また、身近な鳥だけに、たいていの人がカラスにまつわる何かしらの体験があり、さまざまな解釈をする。しかも誤った解釈がとても多い。そして困ったことに、その誤った情報が人から人へと伝聞され、まるで都市伝説のような珍説・奇説となってしまう。

では、カラスはなぜ、誤解されるのだろうか。

いろいろ思い当たることがあるが、いちばんは「カラスは頭がよい」と思われているからではないだろうか。

「カラスって、頭がいいのよねえ」

研究者以外の人とカラスの話をしていても、おおかた頭がよいという話になる。カラスの頭のよさは、もはや常識なのだろう。

たしかにカラスは、鳥とは思えないような知的な行動をする。ところが、この「頭がよい」というイメージが先行し、カラスの行動を見た人や情報を聞いた人が、勝手に想像をふくらませてしまうことがある。ようするに、「頭のよいカラスならば、それくらいするだろう」と勝手にストーリーをつくってしまうのである。カラスの能力をかいかぶりすぎているわけだ。

もう一つ考えられる原因は、マスコミの影響である。とくにテレビは限られた時間内に情報を流すため、内容をかなり単純化して放送する。すると肝心な部分がすっぽりと抜け落ち、誤った情報となってあっというまに広まってしまう。かりに情報がまちがっていなくとも、印象的な映像だけが記憶に残り、それがひとり歩きしてしまうこともある。

こんな具合にカラスはとても誤解されているわけだが、この章では、そんなカラスの誤解の数々を見ていきたい。そうすることによって、カラスの常識と世間の認識がどれだけズレているか浮かび上がってくる。なかには笑ってしまうような誤解もあるが、みな真剣に信じられていることばかりなのである。

黄色が嫌い？

「カラスは黄色が嫌いなんですか？」

ある研修会で講師をしたとき、いちばんはじめに聞かれた質問である。

カラスは黄色が嫌い。

読者のなかにも、こんな話を聞いたことがある人がいるにちがいない。もちろん、これはでたらめな話で、カラスが黄色を嫌うことはない。その証拠にカラスは、黄色い物でもまったく問題なくくわえることができる。だいたい黄色が嫌いで近づけなかったら、さまざまな色の物が入っているゴミ袋の中身をあさることができない。冷静に考えればわかりそうなことなのだが、いったいなぜ、こんな話になってしまったのであろうか。その経緯を見てみたい。

ことの発端は、カラス対策用に開発された黄色いゴミ袋であった。このゴミ袋は、カラスの研究で有名な宇都宮大学の杉田昭栄教授が、業者と共同開発したものである。この袋をカラス被害に悩む東京都杉並区や大分県臼杵市などが試験的に導入したところ、なかなかの効果があった。それを知った新聞やテレビがさかんに取り上げ、大いに話題になったのである。

じつは、このゴミ袋は、ただの黄色い袋ではない。紫外線をカットする特殊な仕組みになっているのだ。カラスは色情報で食べものかどうかを判断しているので、袋から透けて見える物は、カラスにとって食べ物と認識できないわけだ。カラスの機能を科学的に応用したアイデアなのである。

ところがマスコミの情報というのは、細かいことまで視聴者や読者まで伝わらない。いちばん重要な紫外線をカットというのはどこかにいってしまい、黄色はカラスが見えない色と話が変わってしまった。それがさらに飛躍して、「カラスは黄色が嫌い」という、とんでもなく誤った情報になってしまったのである。

その後、カラスが嫌う色ということで黄色のカラス除けネットまで登場した。黄色の特殊なゴミ袋が効果があるのは、くどいようだが紫外線をカットしたからである。ではネットはどうか。ネットは紫外線どころか「網」であるので大きな穴がそれこそたくさん開いている。だからカラスは簡単に中身を知ることができる。したがって、ネットを黄色にしたからカラスが近寄らなくなるということは考えられない。

ちなみにカラス除けネットは、黄色が登場する以前は青色が主流であった。このときは「カラスは青が嫌い」といわれていたので青いネットになったのだ。こんな具合に、たいへん不正確な情報で世間が右往左往しているのが現状なのである。カラス除けネットを黄色にしても青にしても、効果は変わらない。

人を襲う凶暴な鳥？

カラスを観察していると、たまに「危ないよ、あいつら凶暴なんだから！」とわけ知り顔のおじさんに注意されることがある。まるでライオンやトラみたいな猛獣と同じだといわんばかりである。「カラスは凶暴」――カラスに貼られている代表的なレッテルである。

もちろんこれも誤解である。実際のカラスは、たいへん臆病な警戒心の強い鳥で、その証拠に人と目が合うとたいていたい逃げていく。では、そんな鳥がなぜ凶暴だと多くの人が信じるようになったのだろうか。

カラスは、繁殖期に防衛行動として、巣に接近する動物を攻撃して追い払う習性がある。もちろん「動物」には人間も含まれている。

また、東京などの都市部では、カラスは街路樹や庭木にも巣をつくるため、巣立ちの時期になると通行人が攻撃され、警察が出動する騒ぎになることがある。このような騒動をテレビや新聞などのマスコミが、「無差別攻撃！　カラスが人を襲う」「凶暴！　つぎつぎと通行人を襲うカラス」などと強烈なタイトルや見出しをつけて報道する。とくに一時期は、民放の報道番組で特集まで組んで繰り返して放送した。これによって、視聴者にカラスは危険動物という誤解を植えつけてしまったのである。

カラスが人間を攻撃するのは、ごく稀な例をのぞいて繁殖期に限られる。とくにヒナの巣立ち前後は親鳥の警戒心が増す。いずれにしても、繁殖期の一時なのだが、一般には理解されずに、カラスがいればすべて危険であると拡大解釈されてしまっている。

それでは、カラスは繁殖期になると、すべての個体が人を攻撃するのだろうか。私が調べたところそんなことはない。それを象徴するようなこんなエピソードがある。

カラスの攻撃を報道するテレビ局が、撮影でいちばん苦労するのが、皮肉なことに「カラスが人を攻撃する」シーンである。いちばん肝心な場面であるが、これがねらってもなかなか撮れない。ほとんどの場合、撮影できずに困り、私のところに映像がないかと相談に来る。

では、なぜ撮影できないのだろう。答えは簡単で、攻撃がそう頻繁に起きないからである。また、攻撃があったと情報をキャッチして現場に急行しても、なにごともなかったかのように静まりかえっている。ようするにカラスによる人への攻撃はごく稀で、かりに起きても長時間にわたって続くことはない。特殊な条件のときに起きているにすぎないからである。

もう一つ、よく誤解されていることに、「集団で攻撃をする」というものがある。実際にはカラスが集団で攻撃した例はない。攻撃はカラスの夫婦がわが子を守るためにするのであるから、群れになることは考えられない。

これは、どうもヒッチコック監督の有名な映画「鳥」が影響しているためらしい。

この映画は、鳥が集団で人間を攻撃する恐怖を描いた作品である。もちろん、これはヒッチコックが考えたフィクションで、現実にはありえない話だ。ところが映画では、カラスが大集団で主人公らを攻撃するシーンがあり、その印象が人々の心の中にしっかり残ってしまっているのである。その証拠に、マスコミで取り上げられるカラスの攻撃には、「ヒッチコック映画さながら」という言葉がかなりの頻度で付け加えられる。これが「カラスが集団で攻撃をする」という誤った印象を助長しているのはまちがいないだろう。だが、カラスが集団で攻撃するという話は、根も葉もない噂にすぎない。

大きな嘴で攻撃される?

五月末くらいになると、新聞にカラスによる攻撃事件の記事が載ることがある。記事はなぜかかならず「つつかれた」となっている。しかし、つつかれることは私の知るかぎりではない。

鳥が物を嘴でつつくには、体を固定する必要がある。つまり、どこかにとまらなければできないのである。カラスは飛びながら攻撃するので、つつくことは物理的に不可能なのである。ホバリング状態ならば可能かもしれないが、それでも強くつつくことはできないし、だいたいカラスはホバリングが不得手だ。

では、どうしてつつかれたことになってしまうのかというと、襲われた人は気が動転しているので、鋭い物が当たった感覚を「つついた」と思うのだろう。カラスが人への攻撃に嘴を使うことはいまのところ報告されていないので、あの大きく鋭い嘴でつつかれたら……などと心配する必要はない。

死体をUFOが持ち去る？

私は「カラス研究室」というホームページを管理している。ここには「カラスよろず質問箱」というコーナーがあり、毎日さまざまな質問や相談が寄せられる。そのなかで多いのが、「カラスはあんなにたくさんいるのに、どうして死体を見ないのですか？」という質問である。なかには「ＵＦＯが持ち去っているからだと聞いたんですが、ホントですか？」という、オカルトチックな質問もあって驚いた。どうもUFOが持ち去っているからカラスの死体を見ないのだ、と主張する本があり、それが情報源らしい。

たしかに、街を歩いていてカラスの死体が落ちているのを私も見たことがない。しかし、身近な鳥の代表であるスズメは、何回か死体を見ている。だから、「スズメの死体は見かけるのに、カラスの死体はなぜないのか」と思うのも不思議はない。カラスは死なないのか、それとも消えてしまうのか、これはミステリーである、というわけだ。そんなこんなで考え出されたのが、UFO説なのかもしれない。

もちろんカラスの死体はある。あるところに行けばあるというのが正しい書き方かもしれない。ではどこか。それはカラスのねぐらである。カラスは、比較的大規模な森に集まって眠る習性がある。このような鳥が寝る場所を「ねぐら」と呼ぶが、ねぐらに行くとカラスの死体が地面に転がっていることがある(写真3)。だから、けっしてカラスの死体がないわけではない。しかし、ねぐらの森に普通は立ち入らないので、まず見られないのだ。

人間でも元気に出勤した職場で突然死んでしまうことはそうあるものではない。カラスが街中に出かけるのは、会社に行くのと同じであるから、そこで命を落とすことはまずないのである。死にそうなカラスは、ねぐらの森から元気に飛び立つことができずに息絶えるのだ

写真3　明治神宮のねぐらで見つけたカラスの死体

ろう。

　それではカラスのねぐらの地面には、死体がごろごろとしているかというと、そんなことはない。死体はほかの生きものが食べ、速やかに処理してしまう。

　普通は、ハエの幼虫やシデムシの仲間が食べる。そしてその糞を、地中の小さな生物が食べ、食物連鎖のしくみで死体は土に還っていく。ときには、驚いたことに、元気なカラスがカラスの死体や弱った個体を食べてしまうこともある。私は、ねぐらの森で衰弱したカラスが、ほかのカラスに食べられているところを観察したことがある。弱った仲間も、カラスにとっては食料なのだろう。残酷だと思うのは人間界の価値判断で、自然界ではごく当たり前のこと。自然のしくみにしたがっただけだ。

もう一つ、街中でカラスの死体を見ないわけに、「人に片づけられてしまう」ということもあるそうだ(松田、二〇〇〇)。たしかに道ばたや庭、公園などにカラスくらいの大きな鳥の死体がゴロンと転がっていれば、ちょっと無視できないかもしれない。近所の心ある人がそっと片づけてしまうのだろう。いずれにしても、カラスの死体はあるのだ。

生ゴミの曜日を知っている?

カラスによるゴミの食い荒らしはほんとうに困る。腹を立てている人も相当多い。しかも、憎たらしいことに、不燃ゴミにはまったく手をつけずに、生ゴミのある可燃ゴミだけを荒らしていく。「カラスは、ちゃんとゴミの日を知っているのよ。だって、不燃ゴミの日には全然、姿を見ないのに、可燃ゴミの日には、朝から待っているのだから。ほんとうにしゃくに障るわ!」。こう思っている主婦も少なくないだろう。

だが、結論からいってしまうと、カラスが曜日を知っていることはない。いくら頭がよいといってもそこまでの能力はない。カラスを弁護する立場の私としては、そこまで評価してくれるのはうれしいが、いくらなんでもかいかぶりすぎである。

じつはカラスは、自分が食べ物をとった場所を覚えていて、つねに状況をチェックしているのである。そこに食べ物がありそうなゴミ袋があれば滞在し、なければすぐにつぎの場所に移動してしまう。だから可燃ゴミの日にはカラスに出会い、不燃ゴミの日には出会わないのである。ためしに曜日を変えても、すぐにカラスはやってくるはずだ。なぜならば毎日チェックをしているからである。

カラスは非常に目がいい動物である。かなり遠くからでもゴミ置き場の状況をチェックできるらしい。そのため、主婦が気がつく相当前からカラスはゴミ置き場の状況を見ているし、主婦の行動もチェックしている。手にどんなゴミ袋を持っているかも、お見通しなのである。

群れには「見張り」や「ボス」がいる?

「烏合の衆」ということわざがある。規律も統制もない群衆のことを意味するが、実際のカラスではどうなのであろうか。

取材中に、ゴミ置き場を管理するおじさんと話をする機会が多いが、烏合の衆の話をすると、「それは実際のカラスとはちがうような気がする」といわれる。おじさんの観察によると、ゴミを食べに来るカラスには、ちゃんと「ボス」がいて「見張り役」もいる。「斬り込み隊長」のような役割の鳥すらいて、ゴミ置き場の群れにはしっかりとした統制があるという。まあ、カラスはとても賢いから、そのくらいなことはできそうな感じはする。

しかし、私が観察したかぎりでは、カラスの群れにボスはいない。ゴミ置き場のおじさんに怒られそうだが、いくらゴミ置き場を観察してもボスも見張り役も斬り込み隊長もいない。

たしかにゴミ置き場での採食の様子を観察していると、一見、何らかの役割分担があるように見える。しかし、注意深く観察を続けると、どんどん個体が入れ替わっており、そこにあるのは一時的に生じる個体間の優劣だけだということがわかる。

たとえば、斬り込み隊長と思われる鳥は、比較的警戒心の薄い個体で、空腹にたまりかねていち早くゴミに飛来したものだろう。見張り役は、劣位な鳥やあまり空腹でない鳥が、ゴミから少し離れた位置にいるため、接近する危険に早く気づいて鳴いただけである。だから優位な個体がゴミから遠ざかれば、見張り役を放棄して、さっさとゴミに近づき食べはじめるのだ。自分は見張り役だから食べるのを後まわしにするなんてことはない。

ボスというのは、どんな役をいうのか、私にはよくわからない。ゴミ置き場を独占して食べる個体をボスというのだろうか。そんな鳥は体が大きく力関係で優位な個体であるだけで、群れをまとめるといったリーダーらしいことは一切しない。安全なときにさっさと食べて、満腹になったら飛び去るだけなのである。

光る物が好き?

カラスは光る物が好きだという話をよく聞かされる。指輪や宝石などの貴金属や腕時計、コインなど、とにかくピカピカした物を見つけると巣に運んでコレクションをするという。いつだったかハムスターが主人公のアニメを子どもと見ていたら、カラスが大切な宝石を盗んで騒動を起こす話をやっていた。このようにカラスが光る物を集めるというのは、けっこう有名な習性として知られているらしい。

しかし、私にはどうも日本のカラスにそのような習性があるとは思えないのである。たくさんのハシブトガラスの巣を見てきたが、光る物が入っているのを一度も見たことがない。カラスをよく観察している何人かに聞いてみても、光る物が入っていたという事例はないという。少なくとも日本に棲む野生のハシブトガラスには、巣に光る物を集めるという習性はないと思われるのである。

では、なぜこのような話が広く知られるようになったのであろうか。おそらく外国のカラスの習性を一般化してしまったからだと思われるが、いろいろ調べてみても、カラスが光り物を集めるという記述があるものが見当たらない。

唯一、『シートン動物記』に、「銀の星」という名のカラスが、白い貝殻や小石、握りのとれたカップ、錫の小片などを地中に埋めて隠していたという文章が出てくる。ここからは私の想像だが、『シートン動物記』は有名な書物だから、これを読んだ読者が日本のカラスにも同じ行動があると思い、やがてカラス全体に一般化してしまったのではないか。

海外では、カラスの仲間であるカササギという鳥が、光る物を集める習性があるといわれている。また、アリスイという鳥の巣の中からは貝殻やガラス片、プラスチック片、小石などが見つかっている。

国内ではブッポウソウが巣内に貝殻、缶ジュースのプルリング、瀬戸物のかけらなどを持ち込むことが知られており（中村、二〇〇四）、なぜそのような物を巣に持ち込むのか理由がわかっているので紹介しよう。

鳥には歯がない。そのかわり、食べた物を細かくすりつぶす特殊な胃袋をもっている。この胃は筋胃《きんい》といい、いわゆる砂肝のことである。砂肝の名からわかるように、筋胃には砂や小石が入っており、食べた物は胃を動かすことにより、砂とこすりあわされて細かくなる。砂は、いわゆる研磨剤みたいな働きをするのである。

この砂は、自然に体内でできるのではなく、食べることによって胃に入る。ブッポウソウの場合は、筋胃に入れる研磨剤が砂ではなく、貝殻やプルリングなのだそうだ。親鳥はこれらの研磨剤をヒナに与えるために巣に持ち込んでいたのである。アリスイの場合もブッポウソウと同様だと考えられている（中村、二〇〇四）。

カラスに話を戻すと、シートンが観察したカラスが集めた物も、研磨剤である可能性が考えられる。また、日本の野生のカラスではシートンが書いているような行動は観察されていないが、飼育されているハシブトガラスは、骨などさまざまな物を集める習性を見せるという報告もある（杉田、二〇〇二）。

じつは、カラスが光る物を集めるという話は、思わぬ話に発展している。それはカラスが光る物が好きなので、ネコや人を攻撃するときに、光る目をねらってくるというとんでもない誤解である。これはまったくのでたらめな話で、そのような行動はけっしてない。

逆に、「カラスは光る物が嫌いだ」という話もある。光る物が嫌いだから、CDをぶら下げたりテグスが張られたりしていると近づかないとして、よくカラス除けのアイデアとして使われている。これは、カラスは警戒心が強いため、風にゆれてキラキラと光る怪しい物を警戒するというだけのことだ。

カラスは光る物が好きなのか嫌いなのか——どちらでもない、というのが真相である。

何でも食べる悪食？

カラスは何でも食べるがゆえに、ときには軽蔑して悪食《あくじき》とさえいわれる。

図鑑などには、カラスは雑食性と記述されている。植物しか食べないウマは草食であり、肉しか食べないライオンは肉食。その区分からいうと、カラスは植物の果実も食べるし、肉も大好物であるから雑食といえるだろう。

しかしある朝、私は銀座でカラスが食い散らかした跡を見て、ふと疑問に思った。

「カラスは何でも食べるはずなのに、なぜこんなに食い残しているのだろう」

路上に散乱している食べ物は多種多様だ。いちばん多いのが野菜くずである。マグロのにぎり寿司もあった。マグロの寿司などは、いちばん先に喜んで食べそうな気がするが、なぜかコロンと落ちていた。蕎麦やご飯も食い残していることが多い。とにかくたくさん食い残しているのである。

大人はよく子どもに、「好き嫌いせずに残さないで食べなさい」という。カラスも好き嫌いなく残さず食べてくれれば、生ゴミが路上に散乱することはない。しかし、現実にはご承知のような惨状だ。このことからカラスは何でも食べるわけではなく、好き嫌いがあるのでは、と思った。

そこで、ハシブトガラスを対象に簡単な実験をやってみた。公園で、カラスが食べそうな物を並べて、どれから食べるかを見てみたのである。並べた食品は、生の豚肉、めざし、魚肉ソーセージ、リンゴ、油揚げ、食パン、ニンジンの七品目である。これらの食品をすべて細かく切って置いてみた。

その結果、真っ先になくなったのは生の豚肉であった。つぎに魚肉ソーセージ、油揚げの順でなくなった。この二品目もかなりの速さで食べられてしまった。そして、少し食べるスピードが落ちて食パンとリンゴが続いた。残ったのはめざしとニンジンで、めざしは渋々という感じでくわえ、ニンジンはくわえはするが食べることはしなかった。この結果は何度やっても同じであった。

この実験からわかるように、カラスは何でも食べるのではなく、ちゃんと好き嫌いがある。ニンジンなんて食べない。別の機会にキャベツもやったことがあるが、これはくわえさえもしなかった。このことから、カラスが何でも食べる悪食というのは、たいへんな誤解であることがわかる。むしろ好きな食べものを求める「美食家」といったほうがふさわしい。

恨みをもつとストーカーになる?

カラスに襲われた人の話を聞くと、たいていの人がカラスが顔を覚えていて、自分だけが何度も攻撃されるという。そして、攻撃したカラスが、どこまでもどこまでもストーカーのようについて来るということも耳にする。なかには、襲われた地点からかなり遠く離れた場所で、ふと窓の外に目をやると、なんと一羽のカラスがじっと見ていた、というオカルトドラマさながらのエピソードまである。

実際にそんなことがあるのだろうか。じつは、私も何度かカラスに襲われている。繁殖状況を観察しているため、たまに警戒心の強い時期に刺激を与えてしまい、攻撃を受けるのである。しかし、ストーカーのようにどこまでも追いかけられたという経験はない。一〇〇メートルほどつきまとってくることがあるが、少し巣から離れると引き返していく。ようするに、縄張りの範囲外まで追いかけて来ることはないのである。

考えてみれば、カラスが人を攻撃するのは、わが子から外敵を離れさせたいからである。その防衛範囲である縄張りから外敵が出て行きさえすればいいのだ。だから深追いする必要がない。それどころか縄張りから離れてしまうと、その間は防衛ができなくなり、また新たな外敵が侵入してくる可能性が高くなってしまう。守るべきヒナを残して、どこまでも追いかけていくことなどするはずがない。

では、なぜストーカー説が生まれたのであろうか。

一つ考えられるのは、カラスはときどき、人についてくることがあることだ。北半球に棲むワタリガラスには、オオカミやクマなどの大きな動物にくっついていき、獲物のおこぼれを頂戴する習性がある。ときにはオオカミと同じように人間にもくっついていく。ついていくことで何か食べものが得られるのではないかと期待しているのだ。その様子はまさにストーカーそのもので、これが誤解の原因になっている可能性がある。

食べ物を期待してついてきたカラスは、しばらくするとあきらめて姿を消してしまうことが多い。だから、攻撃をしかけてきたカラスとはちがう個体である。しかし、カラスはみんな黒いので、同じ個体だろうと思い込んでしまうのだろう。

窓からじっと見ていたという恐ろしい話は、攻撃したカラスの縄張り内であれば、ありえる話である。カラスは、危険と認識した相手の特徴をよく覚えていて、翌年ですらその人物が縄張り内に侵入すると威嚇することがある。窓越しに危険人物の姿が見えたら、警戒して見ていることも十分ある。しかし、これはあくまで縄張り内の話であって、巣から遠く離れた場所まで追跡することはない。

線路に置き石をして、JRを困らせようとした？

一九九六年はカラスの話題が沸騰した年であった。横浜市内を通るJRの線路に何者かが置き石をし、その犯人が付近に棲むハシボソガラスだったからである。

置き石が発覚した当初は、犯人がわからず警察まで出動して懸命の捜査がおこなわれた。それからしばらくしてカラスによる犯行であるとわかり、珍事として新聞やテレビなどが連日報道を繰り返したのである。犯人がわかると、今度は「なぜカラスが置き石をしたのか」という動機の解明に興味が移った。そのなかで登場したのが、「JR嫌がらせ説」である。

なんでも犯人のカラスは夫婦で、事件の前の年に現場近くの架線の柱に巣をつくったが、JRによって撤去されてしまった。その恨みを晴らすために、線路に置き石をして列車転覆を謀ったのだという。列車が転覆してJRが困る、ということまでカラスが理解できたら、すばらしい知恵の持ち主であるといわざるをえないが、残念なことにそこまでの頭脳はもち合わせていない。だが、真顔で話をする人までいたそうだ（樋口・森下、二〇〇〇）。

もちろん、ここまで大げさな誤解はごく少数である。ところが、カラスに嫌がらせをされ

た と話す人はけっこう多い。

いちばん聞くのが、故意に糞をかけられたというケースである。頭にかけられたとか、自分の車にいつも糞をされるとか、状況はさまざまだ。攻撃の手段として糞をすることは、カラスだけでなく、コアジサシやウミネコなどの集団で繁殖する鳥でも見られるが、嫌がられるために糞をしているかどうかはわかっていない。

鳥は、飛び立つ前にはたいてい糞をする。少しでも体を軽くするための手段なのだろう。そんなタイミングで、たまたま人が真下にいて糞の直撃を受けただけなのではないだろうか。糞をかけられ、それこそ憤慨している人に詳しくその状況を聞くと、どうも偶然だと思えることが多いのである。

いつも車に糞をされるというケースは、車の置き場がカラスの糞捨て場になっている可能性が考えられる。繁殖期にカラスはヒナの糞をくわえて、一定の場所に捨てる習性がある。その下にたまたま車があっただけで、別に嫌がらせをしようと思ったわけではないだろう。ただし、カラスの心の中ばかりは、カラスに聞いてみないとわからないから、誤解であるとまではいい切れないのかもしれない。

いずれにせよ、私はカラスに相当嫌われているはずなのに、嫌がらせを受けた覚えはない。

カラスが鳴くと死人が出る？

「カラスが鳴くと死人が出る」という話は、日本各地に伝わっている。たとえば、「普段はカラスがとまらない家の屋根で、ある朝カラスが鳴いていた。めずらしいなと思っていたところ、数日後にその家の人が亡くなった」などという話である。読者のなかにも、このようなたぐいの話を聞いたことがある人がいるのではないだろうか。もちろん、カラスが鳴くたびに死人が出ては、それこそ毎日たくさんの人が亡くなっていなければならず、人類はすでに絶滅している。まあ、冗談はさておき、「カラスが鳴くと死人が出る」というのは、カラスは死臭をかぎつける不吉な鳥というイメージからつくられた、いわゆる俗説、迷信である。

カラスには、死にまつわる話が多い。国松俊英さんの著書『カラスの大研究』を読むと、日本各地のいい伝えが記されている。

「カラスが高い木にとまると、木の下の家の人が死ぬ」（埼玉県・愛媛県）

「カラスが夜鳴くと、災いの起きる兆し」（秋田県など）

「夜、カラスが鳴きわたると、死人の出る知らせ」（沖縄県）

とくに、夜間にカラスが鳴くのを恐れていたようだ。夜にカラスが鳴くのは、そうめったに聞かないので、何かの知らせだと思ったのだろう。

実際は、夜にカラスが鳴くことはめずらしいことではない。集団ねぐらの近くでは、けっこうカラスの声を聞く。ねぐらに何か危険が迫ったときに警戒して鳴くことがあるからだ。また、夜間に何らかの理由でねぐらから出て、ほかのねぐらに移ることもある。そんなときはたいてい二羽で鳴きながら飛んでいく。真っ暗闇から聞こえるカラスの声は、寂しげでかなり不気味なので、先のようないい伝えが生まれたのだろう。

「死人が出るとカラスが集まってくる」という話もよく聞く。通夜や葬儀が営まれているときや準備のときに、その家の上空にカラスが何羽も集まってきたという話もある。何か超能力でもあって、死を知ることができるのではと思いたくなる光景である。

もちろん、カラスが死を知ることはできない。では、なぜ集まってきたのか、その理由はつぎのように説明できる。

ハシブトガラスは、常日頃、自分の生活する地域の様子をつぶさに観察していて、何か変わったことはないか見張っている。とくに人の動きは気になるらしい。京都大学のカラス研究者、松原始さんの言葉を借りれば、ハシブトガラスは「野次馬的なカラス」だという。人がいるところにはゴミがあったりして、何らかの食べ物が得られるチャンスであることを学習しているのだろう。

人が亡くなれば、通夜や葬儀のために人の出入りが頻繁になり、とくに普段はひっそりとしている土地であれば、それはとても目立つ光景にちがいない。カラスはその異変を知って馳せ参じるのだろう。そして、カラスは土地の様子だけでなく、ほかのカラスの行動もつねに気にかけている。何か食べ物を見つけたカラスについていけば、自分もご馳走にあやかれるからである。急いで駆けつけるカラスの姿を見た別のカラスは、抜け駆け、ひとり占めはずるいということで、すぐに飛んでいったカラスを追跡する。また、さらにその光景を別のカラスが見ていてついていく。こうしてつぎつぎと連鎖反応のようにカラス間に情報が伝わり、どんどんカラスが集まるのである。まさに野次馬である。

カラスが集まる話は、地方の農村部で聞くことが多い。普段、人が少ない農村では、通夜や葬儀のときの人の出入りが目立つのだろう。その証拠に、つねに人がたくさんいる都市部では、同様なことはまず見られない。

しかし、もっとも賑やかなはずの村祭りにカラスが大集合した話は聞かない。人の数とカラスの行動には何らかの関係があると思われるが、詳しいことはよくわかっていない。

第2章

カラスという生きもの

1　カラスは黒とはかぎらない

パンダみたいな白黒カラス

　カラスは、真っ黒というのが一般的には常識である。ことわざにも「烏頭白く、馬角を生ず」というのがあり、ありえないことのたとえで使われる。なんでもこれは中国の故事で、秦に捕らえられた燕の太子丹が帰郷を願い出たとき、秦王が「カラスの頭が白くなり馬に角が生えたら許してやろう」といったことに由来するそうだ（鈴木・広田、一九五九）。

　では、ほんとうに頭が白いカラスはいないのだろうか。さすがに頭が真っ白というカラスはいないが、頭の一部が白いカラスは存在する。たとえばコクマルガラス（図1）やその親戚であるニシコクマルガラスという種類は後頭部が白い。

　コクマルガラスは、アジアに広く分布するハトぐらいの小型のカラスで、冬には日本でも

図1　コクマルガラス

少数が越冬する。白と黒のなかなかシックな配色のせいか、カラスがあまり好きでないバードウォッチャーにも人気がある。
　私が制作したカラス番組のスタジオ収録時に、進行役の女性アナウンサーがコクマルガラスの写真を見て「うわー、こんなカラスもいるんですかあ。なんだかパンダみたいでかわいいですねえ」と思わずアドリブでしゃべってしまったことがある。やはり見た目というのは大切なのだ。ちなみにコクマルガラスは中国にもいて、もし秦の王様がそれを知っていたら、先の故事は誕生しなかったかもしれない。
　ほかにも世界には十種ほど白黒のカラスがおり、カラス全種の約一割にあたる。

図2　ハシボソガラスの亜種、ズキンガラス

おもしろいことに、日本にも棲むハシボソガラスは、ヨーロッパの一部では白黒になっている（図2）。ズキンガラスとも呼ばれるこの亜種は、一見するとハシボソガラスとまったく異なる種に見えるが、形はまぎれもなくハシボソガラスで、おおざっぱにいえば、ただ色がちがうだけである。

日本人の常識ではカラスは真っ黒なので、ヨーロッパでズキンガラスを見るとかなり驚くらしい。私のホームページにも、「旅行中に白黒の変なカラスを見たが、突然変異か何かの異常なのか」という問い合わせがあるが、ごく正常なカラスなのである。

カラスの仲間とは

カラスと一口でいってもいろいろであることが、おわかりいただけたと思う。では、世界にはどのくらいカラスの仲間がいるのだろうか。

その答えの前に、鳥の分類について少し触れておきたい。

鳥の分類、すなわち仲間分けは、これまでさまざまな根拠に基づいておこなわれてきた。古くは色彩や形などの外見によって分類した。しかし、この方法では生活のしかたが似ていると、まったく異なる仲間なのに外見が似てしまうことがあり、分類に誤りが生じる。その問題点を解決するため、生活方法の影響があまりおよばない、骨格や鳴管などの内部器官を用いて分類するようになった。しかし、この方法にも問題点があり、現在では遺伝子による分類が主流となっている。

このように鳥の分類は、研究者が何を根拠にしたかによってちがいが生じるので、カラスは世界で何種といい切るのはとても難しい。現在のところ、カラスの仲間「カラス科Corvidae」は、ピータースという研究者がおこなったおもに形態による分類では一一六種、シブレーがおこなった遺伝子による分類では六五〇種とされている。一一六種と六五〇種ではかなり差があるが、これはどの仲間をカラス科に含めるかによる差異である。ピータースでは、カラス科にはカササギ類やカケス類、ホシガラス類、そしてカラス類が含まれるが、シブレーではそれに加え、ピータースでは含まれていないゴクラクチョウやサンコウチョウまでがカラス科となっている。

これではあまりにもつかみどころがないので、もう少し範囲を狭めて下のくくりである「カラス属 Corvus」と呼ばれる分類群を見てみると、どちらも四〇種ほどになる。これが私たちが普通カラスと呼んでいる鳥のことで、「真のカラスの仲間」といえるだろう。

カラス属の特徴は、羽色が黒色、または白黒で、カラフルな鳥はいないこと。もう一つは、世界中に広く分布しているが、南アメリカには分布していないことである。これはカラスの起源が、オーストラリア周辺だと考えられており、南アメリカまで分布が到達しなかったためだと考えられている（Madge & Burn,1994）。ニュージーランドにもカラス属は生息していないが、それは絶滅したからであると考えられている。

世界の変わり者たち

南アメリカをのぞく全世界中に広がったカラスの仲間には、私たちが普通知っているカラ

図3　オオハシガラス

スとはちょっと様子がちがう変わった種類もいる。イギリスで出版されたカラスの図鑑をペラペラとめくっていると、「へえー、こんなのもいるのか」と思ってしまう。
　いちばん変わった姿をしているのは、オオハシガラス（図3）だろう。巨大な嘴をもち、後頭部が白い姿は、私たちが知っているカラスとはかなりイメージがちがう。大きな嘴は、厚みがあまりなく包丁のようで、食べ物の肉や皮が切りやすくなっているのだろう。棲んでいるところは、アフリカ・エチオピア高地で、標高四〇〇〇メートルにいた記録もある。
　よく漫画ではカラスの嘴は黄色く描かれている。日本のカラスは、嘴まで真っ黒なのでなんとなく違和感がある。では、実際に嘴が黄色いカラスがいないかというとやはりいる。ヨーロッパやヒマラヤに棲むキバシガラスは、名前のとおり嘴が黄色い。おもな生息地はアルプスやヒマラヤの山岳地帯で、標高三五〇〇〜五〇〇〇メートルもの高山に棲んでいる。なかにはなんと八二三五メートルというとんでもない高さにいた記録もあり、これは鳥類が観察された場所の高所レコードである。八〇〇〇メートルといえば、人間は酸素ボンベなしでは普通はいられない。酸素を吸いハアハアしながら登ってきた登山家が、目の前の岩にキバシガラスがとまっているのを見たとき、いったいどんな顔をしたのであろうか。

ほかにソロモンガラスも嘴が黄色い。とはいっても、漫画のカラスがこれらをモデルにしたとは考えにくいので、デザイン的に黄色くしたのだろう。たしかに嘴までが真っ黒だと、どこから嘴か顔かわからなくなり、キャラクターとしてはちょっとつらいところである。

カラスのなかには、とんでもなく体の大きな種類もいる。カラスは分類的には、スズメ目という大きな分類単位に含まれ、この仲間はスズメという名前からわかるように、小鳥のような体が小さな種がほとんどで、そのなかでカラスは比較的体の大きなグループである。最大種であるワタリガラスは、全長約六五センチ、翼を広げると一メートル半にもなる巨大な鳥である。私が北極でワタリガラスを見たときには、まるでワシが飛んでいるのかと思うほどであった。

動物は「ベルグマンの規則」といって、北に棲む種ほど体のサイズが大きくなる傾向がある。体が大きくなると表面積が小さくなり、奪われる熱が少なくなる。つまり、寒さへの適応だと考えられている。カラスの北限種であるワタリガラスが大きいのも、この「ベルグマンの規則」によると思われる。また、獲物が動物の死体などのため、食べ物の量が不安定であり、大型化によって、多少の飢えでも耐えられるようになっているのかもしれない。

日本には七種

さて、今度は日本のカラスを見てみよう。

これまで日本で記録があるカラス科の鳥は一二種。東日本ではお馴染みのオナガや、奄美諸島の固有種ルリカケスなどが含まれる。そのなかの「真のカラスの仲間」である「カラス属」は七種（コクマルガラス、ニシコクマルガラス、イエガラス、ミヤマガラス、ハシボソガラス、ハシブトガラス、ワタリガラス）で、意外と日本にも多くのカラスが棲んでいる。とはいっても普通に見ることができるのは、ハシブトガラスとハシボソガラスの二種くらいで、その他の種は冬に特定の地域に渡ってくる渡り鳥だったり、ごく稀に迷ってくるものだったりする。

カラスなんてそう遠くへは行かないと思われがちだが、渡りの習性をもつ種もいる。ワタリガラスやミヤマガラス、コクマルガラスは、日本に越冬のためにやってくる渡り鳥である。前述したカラス最大種のワタリガラスも、ごく少数が冬鳥としておもに北日本に渡来するが、最近の北海道ではめずらしくなくなりつつあるという（玉田、二〇〇六）。近年、北海道ではエゾシカ猟がさかんになり、山中に撃たれたシカの死体が放置されるようになった。これをねらってワタリガラスの渡来が増えたと考えられている。

ミヤマガラスは、おもに九州地方に渡来する冬鳥で、大きな群れをつくって田んぼなどの耕作地で採食する。私はこのカラスがどうしても見たくて、わざわざツルの越冬地として有名な鹿児島県出水市まで出かけたことがある。はじめて五〇〇〇羽近いミヤマガラスの群れを見たときの感激は忘れることができない。それほど関東に住む私にとってはめずらしい鳥であった。

ところが、この鳥の分布にも大きな変化が起きている。一九九〇年代後半ごろから、日本各地でミヤマガラスの渡来数が増え、もはやめずらしい鳥とはいえなくなった。最近では関東地方にも群れが毎年渡ってきており、わざわざ九州まで出かける必要がなくなったのだ。

なぜ、最近になってミヤマガラスが急に新たな場所に出現しはじめたのか、理由はよくわかっていない。しかし、二〇〇五年、ミヤマガラスに衛星発信器を装着した研究がおこなわれ、それによると秋田県で捕獲した個体が、一気に日本海を横切り極東ロシアまで行っていることが明らかになった（平岡ほか、二〇〇六）。これまで九州地方に渡来していたミヤマガラスは、朝鮮半島から対馬を通って来ていると考えられていた。だから、東北地方にあらわれるミヤマガラスは、それとは関係がない別の個体群である可能性が考えられるのである。

白黒のカラスとして前述したコクマルガラスは、ミヤマガラスの群れに少数が混ざっていることがほとんどである。日本各地に新たに出現したミヤマガラスの群れのなかにも、コクマルガラスが混ざっていることが多い。

ニシコクマルガラスは迷った鳥が北海道に数回だけ姿を見せたことがある。イエガラスは、大阪市此花区で記録がある（真木・大西、二〇〇〇）が、どうもこの鳥は人が飼っていたのが逃げ出したもののようで、野鳥ではない可能性が高い。

ハシブトとハシボソ

日本でもっとも身近なカラスは、ハシブトガラスとハシボソガラスという二種類のカラスである。普通日本で「カラス」といえば、このどちらかであることがほとんどだ。両種とも

図4　ハシブトガラス

真っ黒で姿がとてもよく似ている。

ハシブトガラス（図４）は、学名 *Corvus macrorhynchus* といい、*macrorhynchus* はラテン語で「嘴が大きい」という意味である。全長約五七センチ、翼を広げると一メートルほどになる。体重は小さなメスで五五〇グラム、大きなオスで七五〇グラムほどである。オスのほうが大きく嘴もりっぱであるが、オス・メスを野外で見分けるのは難しい。

分布は、インドから東南アジア、中国、朝鮮半島、ロシアの一部、そして日本にかけての東アジアに広がっている。地域によって変異が大きく、九亜種に分かれる。日本には、北海道、本州、九州、四国に亜種ハシブトガラス（*C.m.japonensis*）、対馬に亜種チョウセン

図5　ハシボソガラス

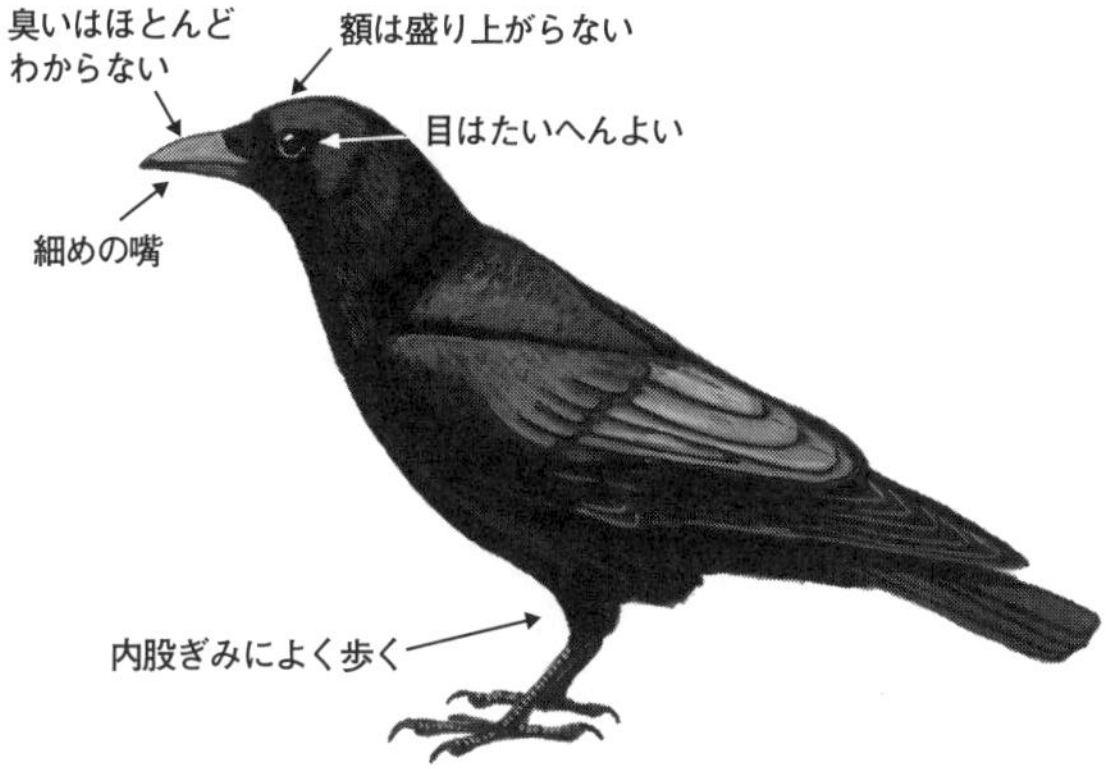

ハシブトガラス（*C.m.mandshuricus*）、奄美諸島と琉球諸島に亜種リュウキュウハシブトガラス（*C. m. connectens*）、八重山諸島に亜種オサハシブトガラス（*C.m.osai*）の四亜種が棲む。

英名はJungle crowで、その名の通り熱帯のジャングルが故郷だといわれている。

ハシボソガラス（図5）は、学名*Corvus corone*といい、*corone*とはラテン語でカラスという意味だそうだ（内田、一九八五）。大きさは、全長約五〇センチ、翼を広げると九〇センチで、ハシブトよりもひとまわり小さい。体重は小さなメスで三二〇グラム、大きなオスで六九〇グラムほどである。ハシボソもハシブト同様にオスとメスが酷似しており、見分けるのは難しい。

分布は広く、ヨーロッパから極東アジアにかけてのユーラシア大陸のほぼ全域に見られ、六つの亜種に分けられる。日本には、北海道から九州にかけて亜種ハシボソガラス（*C.c. orientalis*）がおり、屋久島以南の島々には生息していないといわれる。

英名はCarion crowといい、「屍のカラス」という意味である。実際に死肉を食べるが、植物の種や昆虫などを探して食べることも多い。

森のカラスと草原のカラス

ハシブトガラスとハシボソガラスは姿形がとてもよく似ているが、まず、棲んでいる場所が異なる。

ハシブトガラスは、基本的には樹木がある環境を好む。日本では木が多いところはだいたいが山になっているから、山間部で見るカラスはまちがいなくハシブトである。英名ジャングル・クローのとおり、ハシブトはルーツが熱帯のジャングルであるため、日本でも木がある環境を好むのだろう。だからハシブトガラスには「森のカラス」というキャッチフレーズがある。

ところがこのハシブトは、なぜか大都市のビル街にもたくさんいる。とくに東京都心部にたくさんいて、石原都知事を怒らせたのも、このハシブトである。銀座の繁華街のゴミを荒らすのもハシブトである。とにかく森のカラスなのに、人が住んでいるところが好きなようで、さまざまなトラブルを発生させる困ったカラスなのである。

一方、ハシボソガラスがいちばんよく見られるのは農耕地である。冬、刈り取りが終わった広大な田んぼの真ん中に群れているカラスは、まちがいなくハシボソである。また、河川敷のそばでもよく見られる。田んぼや畑、河川敷などのどちらかといえば開けた環境にハシボソガラスは好んで棲んでいるのである。だからハシブトが「森のカラス」なのに対し、ハシボソは「草原のカラス」と呼ばれる。木がたくさんある山の中で、ハシボソガラスを見ることはまずない。

「いや、わが町はけっこうな住宅街なのに、ハシボソガラスがいるぞ」という人もいるだろう。たしかに街中にもハシボソガラスが棲んでいることがよくある。

たとえば、私が住んでいる街の駅前はデパートやビルが建ち並んでいて、農村に棲むハシボソがいるような環境とはとても思えないが、ハシボソを見かける。よく観察してみると、ハシボソの行動の中心は、何本も線路が敷かれている鉄道の敷地内である。開けていて砂利が敷いてある線路は、見方によっては河川敷にも見える。やはりハシボソは開けた環境にいるのである。

　ハシブトガラスが圧倒的に多い東京でも、葛飾区や世田谷区などにはハシボソガラスが棲んでいる。一度、都心からどのくらい離れれば、ハシボソがあらわれるか調べてみたが、都心から一〇キロメートルほど行った世田谷区弦巻あたりでハシボソがあらわれた。このあたりは家庭菜園の畑が点在するなど、まだ少し開けた場所がある。そんな理由でハシボソガラスが生息しているのだろう。

　この例から察すると、地方都市でも、繁華街のすぐ近くに大きな川が流れていたり、街のすぐ近くに田んぼや畑があったりすると、街中でもハシボソガラスが棲んでいるのだと思われる。

　一つだけ、開けた環境なのに、どちらのカラスも見られる場所がある。

　それは海岸である。砂浜や磯、港のどんな海沿いでもだいたい両方のカラスがいる。この理由は明らかになっていないが、海岸にはいろいろな漂着物があり、カラスの食べ物が豊富なのだろうと想像している。

　ところで、日本には身近に二種類のカラスがいて、生息環境にちがいがあることは、かなり昔からわかっていたらしい。

「やまがらす」という名は、鎌倉時代から見られる。これは単に山にいるカラスという意味だという（菅原・柿澤、二〇〇五）が、このカラスは習性から考えてハシブトガラスである可能性が高い。また、一六〇四年の日本語‐ポルトガル語辞典である『日葡辞書（補遺）』に「さとがらす」が村落、「やまがらす」が山林に生息するカラスと記述されているという（有田、二〇〇三）。江戸時代初期にすでに、生息環境がちがう二種類のカラスがいることを識別していたことがわかる。先人の観察力の鋭さには驚くばかりである。

ハシブトとハシボソの見分け方

両種のプロフィールから、大きさや分布、生息環境にちがいがあることがわかった。しかし、両方が混ざって棲んでいるところも少なくないので、やはり外見の特徴を知っておかなければ、わが家に来る困ったカラスがどちらなのか、見分けがつかない。ほんとうによく似ているが、注意深く見れば識別できる。

まず、名前の「ハシブト」と「ハシボソ」とは、嘴の太さのちがいを表わしていて、ハシブトのほうがハシボソよりも太くがっしりとした嘴をしている。実際の計測値を見ると、ハシブトの嘴を横から見た高さは、二五〜三〇・五ミリ。ハシボソは、一七〜二一・二ミリで、

図6　頭頂部から嘴にかけてのラインのちがい

ハシブトガラスのほうが約一センチ近く高い。しかし、個体差もあり、一羽だけのカラスを見ると、なんだか太いようにも細いようにも見え、判断に迷うことがある。

もう一つよくいわれる識別点に、頭頂部から嘴にかけてのラインのちがいがある（図6）。ハシブトガラスは、額が盛り上がったようになっており、嘴から頭頂にかけてのラインに段差がある。それに対し、ハシボソガラスは額が盛り上がっていないので一直線に見える。これはかなり有効な識別点だが、ハシブトの額の盛り上がりは、羽毛が逆立っているためにそう見えるのであって、ペタンと寝かすと段差がなくなってしまう。そんなときはハシボソとまちがえそうになる。また、年齢によってもちがいがあるという（松田、二〇〇六）。

では、どうすれば見分けられるのか。いちばん確実なのが鳴き声である。ハシブトガラスは、「カアーカアー」と比較的澄んだ声で鳴く。一方、ハシボソガラスは、「ガーガー」

と濁った声で鳴く。また、鳴くときの姿勢もちがい、ハシボソは頭を上下させ、お辞儀のような決まった動作をする。そのときには尾羽を広げることが多い。声と仕草を知っていれば両種の見分けは簡単である。

また、歩き方にもちがいがある。ハシボソガラスは、人間のように交互に脚を出してノコノコ歩くが、ハシブトガラスは、両足をそろえてピョンピョン跳んで進むことが多い。ハシブトは交互に脚を出して歩くこともできるが、それほど得意ではないみたいだ。

たとえばハシブトは、急ぎ足でないと食べ物にありつけないようなときには、ピョンピョン跳びと交互歩きがミックスしたような変な歩き方をする。交互歩きが身についていないのか、急ぎ足ができなくて混ざってしまった感じである。反対にハシボソが、両足をそろえてピョンピョン跳ぶところは見たことがない。

なぜこんなちがいがあるのか。ハシブトが運動音痴だからではない。これは生息環境に適応した結果なのである。

草原のカラスであるハシボソは、樹木が少ない環境にいるため地上で食べ物を探すことが多く、歩きが達者である。これに対し、森のカラスであるハシブトは、枝にとまることが多いのでそれに適応し、地上では基本的にはピョンピョン跳びなのである。しかし、森林の地面などに下りることもあるので、状況によっては交互歩きもできる。

この歩き方のちがいは、カラス以外の鳥でも同じで、たとえば、草原などに棲むキジやヒバリなどは交互歩き、森の鳥のシジュウカラやメジロなどはピョンピョン跳びだ。これは考えてみれば当たり前の話で、地面で生活する鳥がピョンピョン跳びしかできなければ困るのである。

2　美食家カラスの食生活

意外に少ない食生活の研究

生きものを語るには、何を食べているかは欠かせない。第一章では、悪食と呼ばれるカラスでもちゃんと好き嫌いがあることを書いた。ここではもう少し詳しくカラスの食事について見てみよう。

では、さっそくカラスの食性について過去におこなわれた研究からと思ったが、意外なことに詳しい研究はとても少ない。とくに全国規模で年間を通した調査は皆無に等しいが、唯一、一九五七年に農林省林業試験場（現・森林総合研究所）の池田真次郎さんが調べた報告がある（池田、一九五七）。

池田さんは、全国からハシブトガラス三六九個体、ハシボソガラス四八四個体を集めて胃の内容物を調べた。一二三ページにわたる報告書には、胃の中から出てきた物のリストがずらりと並んでいる。内容を見ていくと、カラスがほんとうにいろいろな物を食べていることがわかる。イネやムギ、スイカなどの農作物、あらゆる種類の種子、昆虫、ネズミ、小鳥、さらにはゴム製品、人の髪の毛まであった。たしかにカラスが雑食性であることが実感できる。

これを植物質と動物質に分けて割合を見てみると、ハシブトガラス、ハシボソガラスともに植物質が約八八%、動物質が約一二%であった。

この結果を見て、「おや、変だぞ」と思った人もいるのではないだろうか。カラスは、動物質が好きで植物質はあまり食べなかったはずだからだ。第一章に書いた嗜好実験でも、肉が真っ先になくなり、にんじんやキャベツには見向きもしなかった。したがって、本来ならば、もっと動物質の割合が高くなくてはおかしい。これはいったいどういうことか。

これは、サンプルが戦前に集められたため(松田、二〇〇〇)、現在のカラスを取り巻く状況とはちがっており、その影響が出ている可能性が考えられる。また、農業被害で駆除された鳥のため、必然的に農作物の割合が高くなっていることもあるだろう。さらに肉片などの動物質は消化が早く、植物質に比べて胃から見つかりにくいということも考えられる。こんな影響から植物質の割合が高くなっているのかもしれない。

さらに細かく内容を見てみよう。ハシブトガラスもハシボソガラスも、食べた植物質の割合は約八八%だが、その内訳は異なる。

ハシブトガラスでは、いちばん多く食べていたのが樹木の種子で約五二%、ついでムギやイネなどの農作物の約四五%であった。一方、ハシボソガラスでは、樹木の種子は約一九%で、いちばん多いのが農作物の約七七%である。このことからハシブトガラスは樹木の種子を、ハシボソガラスは農作物を多く食べていることがわかる。やはり森のカラスであるハシブトは樹木から食べ物を得ていて、草原のカラスであるハシボソは、農耕地で採食していることがうかがえる。

動物質のメニューを眺めてみると、両方ともいちばん多く食べていたのは昆虫である。その種類は、バッタ、ゲンゴロウ、タガメ、ハエやアブなどじつにいろいろである。食べ物全体における昆虫の割合を見てみると、ハシブトが七%でハシボソが一〇%と、ハシボソのほうがやや多く昆虫を食べている傾向がうかがえる。昆虫以外の動物質では、ハシブトが全食物中五%、ハシボソが二%となっていて、ハシブトのほうがネズミなどの動物を少し多く捕っていることがわかる。

嘴から見えること

池田さんの研究では、カラスは植物質が主食であるという。でも、街中でゴミをあさっているハシブトガラスを見ていると、なんだか腑に落ちない。しかし、カラスを大量に捕獲して胃の内容物を見るのはなかなかできないから、別の方法でカラスの食事を考えてみることにする。

鳥の食性を考えるときに、いちばん重要な手がかりとなるのが嘴の形である。鳥には手がないので、嘴はナイフやフォークなどの食事の道具のような役割があり、それぞれの食性にあった形をしている。

たとえば、タカの嘴は先が鋭く鉤状に曲がっている。タカは大きな獲物は丸呑みにしないので、小さく肉を引きちぎる必要から、こんな形になっている。

干潟に棲むシギの仲間のダイシャクシギは、下に曲がったとても長い嘴をもっている。ちょっと不自然にも見える形だが、長さといい曲がり具合といい、泥の穴にひそむカニを引きずり出すのにとても都合がよい。

それではカラスの嘴はどうなっているかというと、あまり特徴がない。鳥の本などには、何にでも使えるオールマイティ型の嘴であると書いてある。とはいっても細かく見れば、ハシブトとハシボソでは明らかに嘴の形はちがっており、これは食性のちがいを表わしていると考えるのが生物学では常識だ。

では、ハシブトガラスの嘴をよく観察してみよう。写真4は、嘴を横から見たところである。先が少し下に曲がり尖っていて幅広の形をしている。幅広のがっしりした嘴は、かなりの威力でつつくことができる。実際に京都大学のカラス研究者である松原始さんに、ハシブトが嘴でぼこぼこに穴をあけたアルミ缶を見せてもらったことがあるが、そのくらいのパワーがある。

つぎに注目してほしいのが、正面から見た嘴の厚さである（写真5）。意外と薄いのがおわかりいただけるであろうか。薄い嘴は肉を切るのに適した形といわれ、たとえば、フィリピンに棲む、おもにサルを食べているフィリピンワシの嘴も、同じようにとても薄い。そこから考えると、ハシブトガラスの嘴は、肉を食べるのに適した形のようである。

さらに、この嘴には肉を食べるのに適しているもう一つの特徴がある。それは嘴の切れ味である。ハシブトガラスを捕獲したときに指をかまれた人がいて、あわてて引き抜いたらスパッと切れてしまった。嘴のかみ合わせの部分が刃物のエッジのようになっていたのである。

写真4　ハシブトガラスの嘴

写真5　正面から見たハシブトガラスの嘴

それはまさに肉切り包丁のようであったという。

　また、行動を追跡するために、発信器をランドセルのようにカラスの背中に紐でくくりつけたら、あっというまに嘴でかみ切られてしまった。この紐は、ハサミでもなかなか切れない特殊な加工がしてある相当丈夫な製品だったのに、いとも簡単にかみ切ってしまったのにはほんとうに驚いた。ハシブトガラスの嘴は、想像以上の切れ味なのである。

　ただし、エゾシカの死体を無傷のまま置いてハシブトガラスなどに食べさせる実験をしたところ、厚い皮膚を食い破ることができなかったという報告（早矢仕・岩見、二〇〇一）もあるので、大型獣の皮にはさすがに歯が立たないようだ。

　嘴以外にもハシブトガラスの肉食性を示す身体的特徴がある。それは内臓である。

　黄色いゴミ袋を考案した宇都宮大学の杉田教授と学会でお会いしたときのことである。先生の専門は動物の解剖学で、ハシブトガラスの胃袋の話になった。それによると、胃袋は肉食動物によく似た特徴をしているそうだ。また、筋胃にも砂はほとんど入っていないという。砂が入っていないのは、すりつぶす必要のある堅い食物を食べないからである。また、鳥にも盲腸があるが、ハシブトガラスはとても短い。これも肉食であることをうかがわせる。

　こんな具合にさまざまな情報を総合して考えてみると、ハシブトガラスはかなり肉食に適した形態をもった鳥ということがいえるであろう。これは、私がおこなったカラスの嗜好実験で、生肉が最優先で選択された結果を支持する。

今度はハシボソガラスの嘴を見てみよう。ハシボソの嘴はハシブトに比べて明らかに細い。とくに横から見た嘴の高さが低い。また、前から見たときの横幅も薄いという感じはしない。

実際にハシボソが嘴を使っている様子を観察してみると、小さな物をつまんだり、土をほじくって虫を取り出したりしていることが多い。また、農耕地では落ちている米や麦を一粒一粒つまんでは食べている。そんな使い方を見ていると、箸というかピンセットを連想する。

ハシボソが巻き貝を食べるところを観察したことがあるが、殻の奥にある身を器用につまみ出していた。その様子はまさに先の尖ったピンセットであった。同じように、クルミの殻につまっている実を簡単にほじくり出すこともできる。こんな具合に、細くて先が尖ったハシボソガラスの嘴は、小さな物や細かい物をつまみとるのに向いていると考えられるのである。

しかし、ハシボソガラスも肉を好んで食べる。細い嘴が肉を食べるときにどんなふうに利用できるのか、詳しいことはわからない。

生きた鳥を襲って食べる

肉が好きなカラスは、ちょっと意外な一面も見せる。

一九九七年五月末、私はツバメの取材をした帰りにJR中央線武蔵境駅で電車を待っていた。なかなか電車が来ないので、ホームの端に立って様子をうかがおうと思ったとき、突然、頭上からドサッと目の前に何かが落ちてきた。「えっ、なんだ？」と思って落ちた先を見ると、そこにはなんと首のないドバトが横たわっていた。「猟奇事件！」と思ったが、犯人はすぐに判明した。ホームの屋根でハシブトガラスが「カアーカアー」と鳴いていたからである。ドバトはもちろんカラスが襲った獲物である。おそらく一羽がドバトを捕らえて食べようとしたときにほかのカラスに見つかって取り合いになり、落としてしまったのだろう。

カラスの食べ物というとゴミや死んだ動物ばかりだと思われているが、けっこう頻繁に生きた動物も襲って食べている。とくに都市部ではドバトが多いので、カラスのかっこうの獲物になっている。

カラスがドバトを食べる光景は、都会人にかなりの衝撃を与えるらしい。そして、「なんという残酷な鳥なんだろう」という思いを強くするのである。残酷かどうかは人間界の道徳なので、野生動物の世界に当てはめないでほしいのだが。

ちなみに、カラスのドバト狩りの成功率はとても低いようだ。私もこれまで何度も狩りのシーンを映像に収めようと努力したが、いまだに成功していない。考えてみれば、カラスはタカのようにハトを捕まえる特殊な体の構造をもっていない。タカには鋭く尖った長い爪があり、捕らえた獲物の体をしっかりと押さえることができるが、カラスの爪はタカほど鋭くないので多くの場合、逃げられるのである。弱った個体や油断している個体が、運悪く捕まってしまうのだろう。

ハシブトもハシボソもドバトを襲って食べる。ハシブトは、強力な嘴でハトの首を一撃できれば捕まえることは可能だと思うが、小柄で比較的非力なハシボソがどうやって捕まえるかは謎である。しかし、ドバトを食べているところを見るので、捕まえられるのはまちがいない。

カラスはドバト以外にも、よく鳥のヒナや卵を襲って食べる。街でよくねらわれるのがツバメの巣で、毎年、ツバメの子育てを楽しみにしている人から悲鳴のような相談が私の元に寄せられる。いくら注意をしていても、一瞬の隙をついてカラスに襲われ全滅してしまうのだという。なかにはヒナが十分に大きくなるまで待ってから襲うのだと怒る人もいるが、そんなことはない。成長したヒナが大きな声を発するようになったためにカラスに見つかってしまい、襲われたのである。

カラスが鳥のヒナや卵を襲う習性は、ほかの鳥の習性にも影響を与えている。たとえば、オナガはツミという小型のタカの巣のそばに集まって繁殖する習性がある。ツミとカラスは犬猿の仲で、ツミはカラスの姿を発見するとものすごい剣幕で追い出そうとする。オナガはその習性を利用してツミのそばで繁殖をする。いってみれば用心棒として利用しているのである。

しかし、最近そんなツミとオナガの関係が崩れてきているという。ツミの巣のそばで繁殖するオナガがあまり見られなくなっているらしい。ツミがあまりカラスを追い払わなくなり、オナガにとっては用心棒として役に立たなくなったからだという（植田、二〇〇六）。カラスが増え、ツミが防衛しきれなくなったために起きた変化だと考えられている。

木の実は肉である

東京・渋谷にあるＮＨＫ放送センターの前に一本のビワの木があり、誰もたいした世話をしていないのに、毎年六月になるとたわわに実がなる。そのことをハシブトガラスは知っていて、実が熟すタイミングを見計らって食べにくる。

カラスたちは、美味しい実がたくさん食べられるのを喜んでいるのか、早く食べないとほかのカラスに食べられてしまうと焦っているのか、大騒ぎしながらビワの実をほおばっていく。食べるスピードはとても速く、食べに来たなと思った翌日にはほとんどなくなってしまう。カラスたちがあんまり美味しそうに食べるので、いったいどれほどうまいのかと思って、私も一度食べてみた。ところが残念。ほとんど甘みがなく期待したほど美味しくなかった。それでもカラスたちにとってはご馳走なのだろう。

このように、カラスは木の実が大好きである。とくに、ハシブトガラスにその傾向が強い。糖分と水分がたっぷりの果実は、魅力的な食物であるにちがいない。街中のあまり美味しくないビワの実でもこんな具合なのだから、人が品種改良した果樹園の美味しい果物に目がないのは当たり前である。そのためハシブトガラスがブドウやナシなどの果実を食し、問題となる。

ハシブトガラスは、甘い果物以外の木の実もよく食べているという報告がある。

立教大学教授の上田恵介さんと福居信幸さんは、一九八八年から一九八九年の冬に、大阪のとあるビルの屋上で、カラス（ほとんどがハシブトガラス）が吐き出したペリット（未消化物）

や糞を採集し分析した。その結果、ウルシ属の種子が全個数の約六一％を占め、そのうちの九九・三％がハゼノキやヤマハゼの種子であったという（上田・福居、一九九二）。

ウルシ属の実は、乾果といって、樹上ですぐに乾いて堅くなる性質があり、あまり美味しそうには見えない。ビワやブドウのように水分が多くて糖分も高い果物とはまったく異なる食物である。そんなまずそうな実を、カラスはなぜ好んで食べるのであろうか。

その答えは栄養にあった。上田さんらは、ハゼノキなどの実の栄養分析をおこない、脂肪分が多く含まれていることをつきとめた。カラスは、ハゼノキの実を食べることによって脂肪を得ていたのである。

先にも書いたようにハシブトガラスは肉類が好物であり、とくに脂が大好きである。また冬期は、食べ物を得るのが難しくなるのに、寒いため、脂肪分が必要となるのだろう。だから脂肪の多いハゼノキの実を食べるのである。

じつは、ハゼノキなどのウルシ属の実を食べる鳥はカラスだけではない。普通は昆虫しか食べないと思われているキツツキ類も、冬にツタウルシの実をかなりたくさん食べている。このことからも、脂肪分の多い実を食べるのは、動物質を食べているのと同じであることがわかる。

ここで前出した池田真次郎さんの報告を思い出してほしい。報告では、ハシブトガラスは植物質が主食であるとされ、なんだか腑に落ちなかったが、こうして栄養面から眺めることによって合点がいく。

ようするに、種子を食べていても、じつは肉を食べているのと同じだったのである。池田さんの分析では、単純に種子は植物だからと植物質に分けてあるが、栄養面から考えて種子を動物質に入れて見ると、カラスの食生活がより明らかになる気がする。

石鹸盗難事件とぼや騒ぎ

カラスは変なものも食べる。

たとえば、石鹸やロウソク、石灰、防水のコーキング剤など、食べてどうするのかと思うものを口にする。ロウソクなんて、どう考えても美味しくなさそうだ。石鹸だってまちがって口に入ってしまったときはほんとうに口が曲がる。こんなものを食べるから悪食というレッテルを貼られるのである。

石鹸を食べることは、一時けっこう話題になったので、ご存じの人もいるかもしれない。この奇妙な行動が知られるきっかけとなったのは、二〇〇〇年の冬に千葉県松戸市の幼稚園で起きた事件であった。

幼稚園では、園児たちが手を洗うように外の手洗い場の蛇口にネットに入れた石鹸をぶら下げている。その石鹸が、一月のある日からつぎつぎと消えていったのである。多い日には一日に一二個、一か月で六〇個あまりもなくなった。いずれもネットが鋭い刃物で切り裂かれたようになっていたため、変質者の犯行ではないかと疑われた。事件当時は、関西で子どもをねらった猟奇殺人事件が起こっており、警戒心が増していた。事件は警察に通報され、捜査がはじまったのである。

「犯人は女性の可能性がある」

ある刑事は幼稚園の関係者にこう語ったという。根拠はわからない。

ところが、日本の優秀な警察の力をもってしても犯人は捕まらず、石鹸はあいかわらずなくなっていく。そこで幼稚園は最後の切り札として防犯カメラを設置した。費用は一〇〇万円。すると設置した翌日、犯人はあっけなく判明した。防犯カメラに石鹸をくわえて飛んでいくカラスの姿がはっきりと写っていたのである。

では、なぜカラスは石鹸を持っていくのだろうか。この疑問を解決するために、東京大学の樋口広芳教授の研究室チームと私の取材チームが共同して追跡調査をおこなった。石鹸に電波発信機を仕込んでカラスに持っていかせ、追跡してみようというのである。

その結果、犯人はハシブトガラスで、近くにある雑木林の落ち葉のあちこちに隠していることがわかった。さらに石鹸は日増しに傷だらけになっていた（写真6）。どうもカラスがついた跡のようであるが、このときはその理由まではわからなかった。

しかしその後、幼稚園職員の宮川靖さんが自宅にしかけたビデオカメラに石鹸を食べるカラスが映し出され、食料として石鹸を持っていくことが明らかになった。

じつは、カラスの石鹸泥棒は松戸の事件だけではない。この事件のあと、横浜や宇都宮、柏などから石鹸を持ち去ったという報告が私のところに寄せられている。いずれも石鹸が戸外に置いてあり、持ち出しやすい状況だったため、食料として失敬していったのであろう。

カラスのロウソク食べが判明したのも事件がきっかけであった。

一九九九年春ごろから、京都の伏見稲荷大社で原因不明のぼや騒ぎが続いていた。さまざまな証言から、どうやら原因はカラスらしいということで、これも樋口教授らが二〇〇二年九月から二か月間、調査をおこなった。

その結果、ビデオカメラで火がついたロウソクを持ち去るハシブトガラスがばっちり撮され、さらにロウソクを落ち葉の中に隠すところも目撃された。もし火がついていたら火事に

写真6　つつかれて傷だらけになった石鹸。左端の白い線は発信器のアンテナ

なっていただろう。不審火はやはりカラスの仕業である可能性が高いことがわかったのである。また、カラスがロウソクをかじるところも観察され、食料として持ち去っていたことも判明した（Higuchi, 2003）。

それにしても、美味しいとは思えない石鹸やロウソクを、なぜカラスは食べるのだろう。まず、石鹸もロウソクも食べていたのはハシブトガラスであった。ここにヒントがある。

ハシブトガラスといえば、肉食性でしかも脂肪が好物である。石鹸は油脂からつくられる。いってみれば脂肪の塊みたいなものであるわけだ。これを脂好きのハシブトガラスが見逃すわけがない。石鹸を食べるのは、脂を得るためだったのである。

また、石鹸を失敬するのはおもに冬で、エネルギーを効率よく摂取するために多くの脂が食べたくなるのだろう。そうはいっても、悪食といわれるカラスでも石鹸はあまり美味しくないらしい。失敬した石鹸は日増しにつついた傷が増えていったが、一気に食べてしまうことはなかった。美味しくないからチビチビと食べていたにちがいない。

ロウソクの謎解きは、伏見稲荷という場所にヒントが隠されている。伏見稲荷のロウソクは和ロウソクで、私たちが通常使っているパラフィンのロウソクとはちがう。和ロウソクは芯が太く、風が強い野外でもなかなか火が消えないので、伏見稲荷では和ロウソクを使っているのだそうだ。

じつは、この和ロウソクはとても高価で、最高級品になると一本一万円もする。なぜこんなに値段が高いのかというと、職人の手づくりだからだ。和ロウソクはハゼノキの実の脂を丹念に丹念に何層にも塗り固めてつくられる。

「おや、ハゼノキの実という名前はどこかで聞いたことがあるな」

察しのいい人はもうお気づきであろう。立教大学の上田恵介さんらが調べた大阪のカラスが大量に食べていたのもハゼノキの実であった。ようするに和ロウソクを食べるのは、ハゼノキの実を食べるのと同じこと、脂肪を食べているのである。

じつは、ロウソクを食べた記録は伏見稲荷のほかにもある。明治時代のことである。大森貝塚発見で有名なアメリカの動物学者エドワード・モースの日記『日本その日その日』に、カラスのロウソク食いを目の当たりにしたという記述がある。それによると「烏が一羽下りて来て、車輪にとまり、紙の提灯に穴をあけてその内にある植物性の蠟燭を食って了った」という（モース、一九七〇）。植物性のロウソクとはまさに和ロウソクのことで、伏見稲荷と同じ理由でカラスが食べたのだろう。

また、昭和初期の鳥類研究家である仁部富之助が記した名著『野の鳥の生態1』には、「カラスが墓場から、もえさしのろうそくや、線香をくわえだして、屋根やたきぎの上に置くので、ときどき火災をおこすから、お墓まいりのさいには、よく、ろうそくや線香のあとしまつをするようにと、村の総代からのきついお達しがあったことも……」という記述がある（仁部、一九七九）。

この事例から考えると、和ロウソクが普通だった昔は、いまよりもっとカラスによる不審火が起こっていたのかもしれない。

石灰やコーキング剤は、どうして食べるのかよくわからない。

私は見たことがないが、学校のグランドに引かれた石灰の線にカラスが群がって食べていたという報告がある。また、屋根や太陽熱温水器などの隙間に防水のために使われるコーキング剤をカラスがかじり、何とかならないかという相談もたびたびある。

おそらく、必要な栄養分を補給するために食べるのだと思われるが、まだ真相は明らかになっていない。どなたか私といっしょに研究しませんか。

一攫千金VS「塵も積もれば……」

ここでいきなりクイズを出題。

「権兵衛が種蒔きゃカラスがほじくる」のカラスは、ハシブト、ハシボソのどちらか？

正解はハシボソガラスである。

畑で権兵衛さんが種を蒔いていると、そのうしろをカラスがついてきて、つぎつぎと食べてしまう。そうとは知らずに権兵衛さんは種を蒔き続ける。ちょっとユーモラスな光景である。このときのカラスは、権兵衛さんがわからないくらいの距離を歩いてついてきたにちがいない。飛びながらついてきたら羽音がするので気づかれてしまうからだ。ノコノコ歩く習性をもつカラスといえばハシボソガラスのほうで、ハシブトガラスはまずそういうことはしない。したがって正解は、ハシボソガラスであるというわけだ。

現在では、手で種を蒔く農家はさすがにほとんどないので、権兵衛さんとカラスのような光景を見ることは少ないと思うが、似たような場面に出会うことがある。

たとえば、春先の田んぼでトラクターが土を起こしていると、そのうしろにたくさんのハシボソガラスがつきまとっていることがある。カラスはトラクターのあとを追いながら、掘り返される土の中から食物を見つけているのである。

観察していると、細かい物をつまんでは口に入れている。おそらく落ち籾やミミズなどの小動物なのであろう。また、ときどきカエルも出てくることがあり、そんなときはワッと騒がしくなる。一度など、騒ぎが一段と激しくなったと思ったら、一羽が大きなネズミをくわえて飛び出した。お宝中のお宝といったところなのであろう。

こんな具合にハシボソガラスはほんとうによく歩く。これがハシボソガラスの食べ物探しの基本的なスタイルで、とにかくノコノコ歩きながら食べ物を探す。

一方、ハシブトガラスはそんなことはまずしない。高い場所から地面を見下ろし、食べ物を見つけるとサッと下りて、パッととって、また高い場所にもどる。「サッと下りてパッととる」である。

このちがいを見いだしたのは、京都大学の松原始さんである。松原さんによると地上にいる滞在時間を比べてみても、ハシボソが観察時間の四〇%を地上で過ごしていたのに対し、ハシブトは一二%であった。ハシブトは「餌を発見してから地上に下り、せいぜい30歩で採食を終了する」のに対し、ハシボソは「とりあえず下りて歩きながら餌を探索し、最大23分、1000歩以上歩くことがある」という(松原、一九九九b)。

また、ハシボソガラスは、歩きながらとにかく食べ物がありそうな落ち葉の下や石の下などをくまなく探索する。ところがハシブトガラスはかくれている食べ物を探そうとしない。それどころか、見えない食べ物には興味がないみたいだという。

たしかにハシボソガラスを見ていると、感心するぐらい丹念に根気よく食べ物を探しながら歩いている。あまりの地道さに頭が下がるほどである。

そういえば、この地道な食べ物探しの方法が、思わぬ騒動を巻き起こしたことがある。二〇〇五年十月、広島市中区の商店街で花壇の草花がすべて引き抜かれる事件が起こった。変質者の犯行とか暴走族の嫌がらせとかさまざまな憶測が飛んだが、警察が張り込んだ結果、犯人はハシボソガラスであった。おそらくハシボソガラスは、花の苗を植えるところを見ていて、そこにきっと何か食べ物があるはずだ、とくまなく探索したのだろう。

両種の採食法のちがいを見ていると、やはり生息環境への適応を感じる。

森のカラスであるハシブトガラスは、森の中を飛んだり枝移りをしながら地上にある食べ物を探す。高いところから見つけるので、発見できるのはリスやタヌキくらいのある程度の大きさのものであろう。たとえ発見しても、あんまり小さいものだと、わざわざとりに下りていくエネルギーを考えると割に合わず、無視することもあるだろう。しかし、タヌキの死体なんか森の中にそうたくさんあるわけないので、広範囲を探索しなければならない。一攫千金を狙っているのがハシブトガラスの生き方だといえる。

一方、草原のカラスであるハシボソガラスは、地道な生き方を選んだ。小さな獲物を歩きまわることで確保しようというのである。小さな獲物は、あまり高いところから見つけるのはちょっと無理だ。また、草原にはとまる枝もあまりない。だから歩いて探すのがいちばんなのである。

小さな食べ物は、あまり量がない。お腹がいっぱいになるのはたいへんなである。しかし、狭い範囲でも丹念に探せばけっこう見つかる。「塵も積もれば山となる」というわけだ。

ハシブトガラスとハシボソガラスは、こう見るとずいぶん対照的な生き方をしているのである。

堅実派カラスの貯食行動

人間社会にも計画的に貯えをつくって堅実に暮らす人もいれば、「宵越しの銭は持たねえ」と将来なんか気にしないい気っぷのいい人もいる。鳥の多くは貯えなどないその日暮らしの種類がほとんどだが、なかには堅実派もいる。その代表がカラスだ。カラスは食べきれない食料があると貯える。このような行動を貯食行動という。

この貯食行動は、街中でも頻繁に見ることができる。朝、ゴミをあさっているハシブトガラスは、その場ですぐに食べようとしない。ガツガツと食べ物を飲み込んで、すぐに飛び立っていく。このとき、喉のあたりをよく見ると大きくふくらんでいることに気がつく。喉にはポケットのような袋があり、飲み込んでいるようだが、この袋に貯えていたのである。飛んでいったカラスは、ビルの屋上などで袋から食べ物を吐きもどし、お腹がすいてれば食べ、すいていなければどこか物陰に貯食する。

「玄関の植え込みにカラスがいて卵がありました。カラスはこんな場所に巣をつくるのでしょうか?」という質問を受けたことがあるが、これはカラスの巣ではなく、失敬してきた卵をあとで食べようと貯食したのである。ときには、ベランダに鳥の唐揚げなどがあって、ギヨッとすることもある。都市では、ベランダの植木鉢の影や植え込みの中、ビルの看板の裏、標識のパイプの中などが定番の貯食場所である。自然のなかでは、落ち葉の中や樹木の幹にあいた穴などに隠すことが多い。また、ハシボソガラスは河原の石の下がお気に入りである。

ところで、カラスがどうして食べ物を隠すのかといえば、誰かに食べ物を盗られないようにするためである。だから隠すときはじつに用心深く、念入りな仕事をする。いちばん怖いのは、隠すところを見られることである。見られていれば確実に盗まれるので、絶対にほかのカラスに気づかれてはならない。

一度、貯食をしようとするカラスを見ていたら、別のカラスが来て、私といっしょになって観察をはじめた。貯食をしようとしたカラスは、どうやら私たちの存在に気がついていないようで、標識のパイプの穴に隠そうと食べ物を出した。ところが不穏な空気を察したのであろうか、突然ハッとあたりを見まわし私たちに気がついた。そのときの狼狽ぶりはいま思い出しても笑ってしまう。一度出した食べ物をあわてて飲み込み、なにごともなかったように飛び去っていった。さらにおもしろかったのは、私といっしょに見ていたカラスが、すぐにそのカラスを追っていったことである。飛んでいけない私は、一人置いてきぼりになってしまったが、あとを追いかけたカラスは、執念深く隠す場所をつきとめようとしたにちがいない。

さて、入念に隠したのはいいが、問題はあとで食べようとしたときに見つけ出せるかどうかである。せっかく隠しても見つからなければ元も子もない。

日本のことわざに「カラスの雲だめ」というのがある。カラスは空に浮かんだ雲の形を目印に食べ物を隠すため、時間がたつと見つけられないという話で、当てにならないことのたとえで使われる。しかし、実際には、カラスはじつによく覚えている。

渋谷駅のハチ公前で大きな看板の裏に貯食するカラスを観察したときは、数時間後にカラスはちゃんともどってきて隠したパンを探し出して食べた。まったく迷いのない様子であった。また、カラスの仲間のマツカケスは一万か所の食べ物を隠した場所を覚えているうえ、ほかの鳥が隠した場所すらも覚えているという（Bednekoff and Baldar ,1996）。

何を根拠に覚えているのかわからないが、とんでもない記憶力の持ち主であることはまちがいない。

食べられる側としてのカラス

ここまではカラスが食べることばかり書いてきたが、反対に食べられてしまうこともある。

東京ではカラスが増えているといわれ、それは天敵がいないからだと説明されることがある。たしかにカラスくらいの大きさの鳥になると襲う動物はあまりいない。しかし、まったくいないわけではない。

カラスをいちばんよく食べるのは、日本ではオオタカである。オオタカは、オスが全長約五〇センチ、メスで全長約五六センチの猛禽類で、オスはちょうどハシボソガラスと、メスはハシブトガラスと同じくらいの大きさである。鳥を主食としており、普通はハトサイズの獲物を捕らえることが多いのだが、なかには大きなカラスを専門にねらう個体もいる。

カラス専門のオオタカは、若い個体が多い。これは若気の至りというか、成鳥のオオタカならば、自分と同じサイズのカラスを捕るのは重労働なのでやらないが、若い個体は、目の前にたくさんいるカラスをねらったほうが手っ取り早いと思うのかもしれない。

しかし、若いからといってバカにしてはいけない。埼玉県所沢市の山口貯水池（狭山湖）で観察されたオオタカのカラス狩りは、カラスの知恵を上まわる高等戦術をとっていた。私は、観察した方から詳しくお話を聞かせてもらったうえ、映像も見せていただいた。

まず、オオタカは翼を半開きにして、獲物を取り押さえたような姿勢で湖岸に立つ。するとハシブトガラスが横取りしようと集まってくる。カラスは最初は警戒しているが、しだいに行動が大胆になってオオタカの頭近くまで接近するようになる。じつはオオタカのねらいはそこにあり、近づいた瞬間に翻ってカラスを脚で取り押さえるのである。なんという巧みな戦術！

しかし、オオタカにとって予想外の出来事が起こることもある。カラスを捕らえたオオタカは、その場で羽をむしりはじめるが、こともあろうにその獲物を今度は別のカラスが横取りしようとするのである。あまりにしつこく迫ってくるので、オオタカはおちおち食べていられない。まごまごしているうちに猛禽類のノスリがあらわれ、ノスリのほうがオオタカよりも強いのか、簡単に奪われてしまうのである。また、突然、茂みからタヌキがあらわれて横取りされてしまったこともあったという。一羽のカラスをめぐって、オオタカ、カラス、ノスリ、タヌキの攻防が繰り広げられるのである。

また、カラスはフクロウにも食べられることがある。前出した東大・樋口広芳教授と森下英美子さんの著書『カラス、どこが悪い』には、フクロウがカラスのヒナを脚で運んでいる写真が掲載されている（樋口・森下、二〇〇〇）。

同じようにヒナや卵のころは、アオダイショウなどのヘビに食べられてしまうこともあるはずだ。いまのところ私の手元にはアオダイショウに食べられてしまったという記録は見あたらないが、アオダイショウは鳥のヒナや卵が重要な食物であり、オオタカやツミなどのタカのヒナが飲み込まれてしまったのを見たことがある。この例から考えると同じ大きさのカラスのヒナもヘビに食べられている可能性は非常に高い。

こんな具合にカラスもいろいろな生きものに食べられることがあるのだが、それでもたくさんのカラスが毎日のように襲われているわけではない。やはりカラスの数に影響を与えるほどの天敵はいないのである。

スカベンジャーとしての仕事ぶり

「カラスなんてゴキブリと同じだ。だいたい何の役にも立っていない。だから全部殺してしまえ！」

こんな極論を声高に叫ぶ人がたまにいる。はたしてほんとうに役立たずなのだろうか。

早朝、車にひかれたネコの死体をカラスが食べているのを見ることがある。朝からあんまり気持ちのいい光景ではないが、もし、死体をカラスが食べなかったらどうなるか。

誰かが片づけなければならない。さらにその死体を何らかの方法で処理する必要がある。いちばん簡単なのが土に埋める方法だが、最近の都会では土すらないのでそれも難しい。保健所に連絡して取りに来てもらうしかない。このように、死体を処理するのは、けっこう面倒なことだ。

さて、この場合は、街中だから人が処理することができた。では、自然の森の中だったら誰が死体の始末をするのか。

それはカラスである。自然界におけるカラスの重要な役割は「掃除屋」で、生態学でいうスカベンジャーと呼ばれる死体処理の役割を担う。だから路上でネコの死体を食べるのは、カラスのりっぱな仕事なのである。

スカベンジャーといえば、有名なのがハゲワシである。テレビの自然番組で、ライオンが食べ残したシマウマの死体に、ハゲワシがワッと群がる光景を見たことがあると思うが、病気や寿命で死んだ動物の死体も食べる。もし、ハゲワシがいなければサバンナは死体があちこちにゴロゴロし、ウジがたかったり、腐敗して臭ったり、悲惨な状況に陥るはずだ。そうなる前にハゲワシが処理してくれるから、サバンナはいつも清潔なのである。スカベンジャーの役割はとても重要である。

スカベンジャーが生きていくのは、じつはとてもたいへんである。死んだ動物を食べるのだから、なんだか楽そうに思えるが、逆にいえば、自ら狩りをすることはないから、動物が死なければ食べ物がない。たくさん動物がいて、コンスタントに死んでくれないと生きていけないのである。だから動物が多く棲むサバンナにハゲワシは棲む。

地中海沿岸付近のヨーロッパにもハゲワシが棲んでいるが、豊かな自然が失われてしまったために、絶滅寸前に追い込まれている。もはや純粋なスカベンジャーが生きていける環境ではないのだ。

カラスは、ハゲワシよりもいろいろなものを食べるので、もう少し融通が利く生活ができる。そのため南アメリカを除く世界中で見られるのだが、絶滅してしまった地域もある。

小笠原諸島には、ハシブトガラスがいた記録があるが、現在では絶滅してしまっている。島の貧弱な自然では、スカベンジャーが暮らす余裕はないのである。

ハワイ島に棲む固有種ハワイガラスは、絶滅寸前である。飼育個体が五〇羽ほどいるだけで、野生個体は二〇〇二年時点でたった二羽。二〇〇三年以降目撃例がなく、現在では生きているかどうか不明である。

ハワイガラスが絶滅寸前に追い込まれた原因は複数あるが、いちばんは主食にしていた低木の実を人によって持ち込まれたブタが食べてしまったことであるという。また、牧場開発などの生息地の破壊もある。現在、アメリカ政府が飼育しているハワイガラスを使って、絶滅回避のためのプロジェクトをおこなっている。

日本の文化を支える

カラスには掃除屋のほかにも、自然界で重要な役割がある。それは巣の提供である。鳥のなかには、自分で巣をつくる習性がなく、古巣を利用して子育てをするものがいる。日本ではハヤブサの仲間のチゴハヤブサやフクロウの仲間のトラフズクがそうである。この鳥たちがとくによく利用するのがカラスの古巣で、カラスがいなくなると困ってしまうはずである。

もう一つ、カラスがほかの生物の役に立っていることがある。それは種子散布である。カラスがウルシ属の実を好んで食べることは前述した。これらの種子は、カラスが食べることによって運ばれ、分布を拡大することができる。また、ウルシ属の種子はそのまま蒔いてもすぐには芽が出ずに、発芽まで二〜三年はかかる。しかし、カラスが食べることで種の皮がむけ、発芽率が上がるという。このようにウルシの仲間は、カラスがいないと困るのである。

ひょっとするとカラスがいなくなれば、漆塗りの器や和ロウソクがつくれなくなってしまうかもしれない。漆器は日本を代表する文化であるが、カラスがそれを支えてきたのかもしれない。生きものに無駄なものはいないのだ。

3　謎がいっぱい　カラスの暮らし

なぜうるさいほどに鳴くの？

ほんとうにカラスはよく鳴く。カラスがうるさいという苦情は、ゴミ荒らしのつぎに多い。そのくらいよく鳴く。「カアーカアー」となんだか四六時中鳴いている感じがする。いったい何がいいたくて、こんなに鳴くのだろう。

じつは、日本におけるカラスの声の詳しい研究はない。そのためカラスの鳴き声の意味はまったくわかっていないといっていい。こんなに身近な鳥なのになぜ鳴き声の研究がないのか。その理由はいろいろあるが、その一つにカラスの声が複雑すぎるというのがある。

たとえば、鳥の声には、求愛や縄張り宣言の「さえずり」と、日常のコミュニケーションの「地鳴き」の二通りがあるが、カラスの場合は、「さえずり」と「地鳴き」のちがいがわからない。それどころか、ハシブトガラスは、鳴き声が何通りもある。「アホーアホー」と鳴いたと思ったら、「カポン、カポン」と不思議な声も出すから、解釈が困難なのである。

ところで、いろいろな声を出すのはハシブトガラスのほうで、三一、または三六種類の声を出すという報告がある。一方、ハシボソガラスはあまりバリエーションがない。ごく稀に甲高い声で「キャンキャン」と鳴くこともあるが、たいていは「ガーガー」である。

ハシブトガラスがいろいろな声を発するのには理由がある。森のカラスであるハシブトは、見通しの悪い森林で、相手の姿が見えなくても声で意志を伝える必要があった。そのため、音声コミュニケーションが発達したのだと考えられている。

さて、せっかくカラスの本を読んだのに、「カラスの声の意味は全然わからない」では申し訳ないので、少しはわかっていることを紹介したい。

カラスがよく鳴く場面というのは比較的決まっている。たとえば、ゴミ置き場で朝食をとるときにはかなりよく鳴く。わめいているといっていいほどである。だから商店街に住んでいる人は、早朝にカラスの声でたたき起こされることになる。

このときいちばん多い声は、警戒のためのものである。大きな声で「カアーカアー」と鳴いている声がそうだ。警戒の相手は、カラスであったり、人間であったり、ネコであったりいろいろである。

ほかにも朝のゴミ置き場では、「カカカカ」という声も発する。この声には、東京大学の相馬雅代さんの研究によると、仲間を呼び寄せる働きがあるという（相馬・長谷川、二〇〇二）。録音した「カカカカ」という声を再生するとカラスが集まってくるそうだ。

だが、どうして仲間を呼び寄せるのであろうか。黙っていれば食べ物を独占できるのに、わざわざ仲間を呼び寄せてどうするのか、理解に苦しむ行動である。

これには、さまざまな仮説が考えられているが、明確な答えは見いだされていない。しかし、アメリカのワタリガラスでも同様な行動があり、仲間を集める声を発するのは例外なく幼鳥で、成鳥は発しないという。幼鳥は単独だと、成鳥に食べ物を横取りされてしまうので、仲間を呼んで成鳥に食べ物を盗られるのを防いでいるのだと考えられている（ハインリッチ、一九九五）。ただし、これが日本のハシブトガラスに当てはまるかどうかは不明である。

ほかにもカラスには仲間を呼び寄せる声がある。モビングコールと呼ばれる声がそうで、たとえば天敵のフクロウを見つけたときに発する。大勢で騒ぎ立てて敵を追い払おうとしているのだろう。この声もテープで再生すると、あっというまにカラスが集まる。

また、ねぐらなどに近づいたときに、大勢で「カアーカアー」騒ぐのは、「危ないやつがいるぞ。気をつけろ！」という警戒のための声である。

早朝にねぐらの森から出ていくときも、ほとんどのカラスが鳴きながら飛んでいくが、おもしろいことに、夕方ねぐらに帰ってくるときは、あまり鳴かない。おそらく、出発するときは、目的地までいっしょに行動するつがいの相手とはぐれないように連絡を取り合う意味があるのだろう。帰る場所は決まっているので、声を発する必要がない。

こんなふうに断片的であるが、なんとなくカラスの声の意味はわかってきている。現在、いくつかの大学の研究室でカラスの声の研究がはじまっており、その結果が楽しみである。

人の声をまねられる理由

ところでカラスは、オウムのように人の声をまねすることができる。

川越に住む金井則子さんが飼育しているハシブトガラスの「カー子」は、「行って来るから待っててね」などとはっきりした声でしゃべる。カー子は、ヒナのときに脚が悪くて金井さんに保護され、ずっと飼育されてきたカラスである。じつは、カラスはヒナのときに声を覚える時期があって、人に育てられると育てた人の声も覚えてしまう。

人の声のまねができるのは、ハシブトガラス、ハシボソガラスの両方である。しかし、圧倒的に上手なのは、ハシブトである。理由は簡単で、ハシブトガラスの出せる音声が偶然にも人の声の周波数構造とよく似ているからである。一方、ハシボソの声は雑音のような周波数構造のため、たとえ人まねができても、しゃがれ声でよく聞かないと何をいっているのかわからない。

ところが、ハシボソガラスでもニワトリの鳴き声は上手にまねできる。大分のテレビ局に勤める友人から、ニワトリの鳴きまねをするハシボソガラスがいると知らされ、そのときはまさかと思った。しかし、後日送られてきたビデオでは、ハシボソガラスがまぎれもなく「コケコッコー」と鳴いていていた。考えてみれば、ハシボソは「キャンキャン」という甲高い声も出すことができるので、ニワトリのような声ならば表現が可能なのかもしれない。

大集団で眠る意味

カラスには、比較的規模の大きな樹林に集まって眠る習性があることはすでに書いた。これはハシブトガラスもハシボソガラスも同じである。ちなみにねぐらにはハシブト、ハシボソが混ざっていることが普通である。森のカラスも草原のカラスも寝るときは木の枝のベッドが必要なのだ。

夕方、日没近くなると思い思いの場所で過ごしたカラスたちが、ねぐらの森に三々五々集まってくる。まさに「カラスといっしょに帰りましょ」である。この光景は古くから知られていて、清少納言の枕草子の秋の情景としても描かれている。注意して見ているとカラスはたいてい二羽ずつ帰ってくる。カラスの生活の基本は夫婦だからである。

ところで、ねぐらというと、「巣がたくさんある」と思っている人が多い。カラスにかぎらず、鳥の巣は卵やヒナを育てるベビーベッドのようなもので、成鳥が寝る場所ではない。だからねぐらには巣はない。

カラスのねぐらは、どこの森でもいいわけではなく、おそらくいくつかの条件がある。そのため、広い長野県内でも、カラスのねぐらは、たった七か所しかなかったそうだ（山岸、二〇〇二）。

東京都心にも三か所の大きなねぐらがある。渋谷区の明治神宮、港区の国立科学博物館附属自然教育園（以下、自然教育園）、豊島区の豊島が丘墓地である。この森は都会にぽっかりと浮かぶ緑の島のような大緑地で、夜間は人の立ち入りが禁止されているという特徴がある。また、クスノキやシイノキの常緑樹がうっそうと茂っており、カラスはその込み入った枝葉の中で眠る。

長野県のねぐらがたった七か所しかないことからわかるように、ねぐらに集まるカラスの数はとても多い。大規模なねぐらになると一万羽近くになることもある。こんな大規模ねぐらが山の中にあればいいのだが、なかには人家に近い場所もあってトラブルになることも少なくない。ねぐらに入る前に、電線にずらっとカラスが並ぶ光景は恐怖心を抱かせ、路面を糞で真っ白にするため、付近の住人はたまらない。

では、カラスはどうして大集団で眠るのだろう。カラスにかぎらず鳥はさまざまな種類で同じような集団ねぐらをつくる。その理由を解明しようと世界中の鳥類学者が仮説を考えているが、いまのところ答えは出ていない。

有名な仮説の一つに「餌場の情報センター仮説」というのがある。たくさんの鳥が集まる場所にはいろいろな情報が集まるため、それを知ろうとさらに鳥が集まるという説である。たとえば、今日たらふく食べた鳥がいたとする。その鳥が美味しい食物にありつけたのは一目瞭然。だから明日、このラッキー者についていけば、自分もあやかれるはずだ。そんな期待をふくらませた鳥たちが集まっているのだというのである。その後の検証で、サギではそうであることがわかっているが、カラスでは確かめられていない。

また、天敵から身を守る働きがあるという説もある。眠っている間はもっとも無防備になる。そんなときに敵に襲われたらたいへんだ。だから、大勢でいれば、そのなかの誰かがいち早く敵を見つけてくれるので安心して眠れるという。ようするに、他力本願である。たしかに、ねぐらのカラスはほんとうに神経質でちょっとの異変でも警戒する。でも、そのためにこれほど多くの集団が必要なのかどうか、疑問はある。

長野県でカラスのねぐらを調査した山岸さんによれば、風向きが関係しているのではないかという（山岸、二〇〇二）。長野県下の七つのねぐらのどれもが風下に位置しているそうで、風に乗ればエコノミーフライトでねぐらに帰ることができる。朝は逆方向だが、無風になるため風向きは影響しないのだそうだ。

ねぐらにカラスが集まる習性は、個体数を知るのにとても都合がよい。なにしろ付近のカラスのほとんどが集まってくるのだから、森に入るカラスを数えれば、だいたいの個体数を知ることができる。一九六二年におこなわれた長野県の七つのねぐらの合計は、約一万五〇〇〇羽で、これが長野県のカラスの総人口であると考えられている（山岸、二〇〇二）。また、よくマスコミに登場する東京のカラスの個体数というのも、この方法で調べられた数字である。ただし、なかには集団ねぐらで寝ないカラスもいるので、これでほんとうに長野県全部のカラスであるとはいい切れないことを付け加えておく。

カラスのねぐらは冬がいちばん数が多く、夏に少なくなる傾向がある。極端な例では、夏になるとねぐらが消滅してしまうこともある。これは、春から夏にかけてがカラスの繁殖期で、子育てをしているカラスはねぐらに帰らずに巣の付近で眠るからだ。

ところで、カラスは樹木で眠ると書いたが、例外もあることを紹介しておこう。

秋田、山形、新潟、石川などの日本海側の都市では、冬に電線にとまって眠るカラスが観察されている。もちろんこの地方でも森で眠るカラスもいるのだが、一部のカラスが電線にずらっと並んで寝るという。なぜ姿があらわな電線で寝るのか、理由はよくわからない。一説では、本来は森で寝たいところなのだが、雪が積もっていたり、ねぐらが満員で入れなかったなどの事情で電線で眠るのではないかという。しかし、北海道東部では十月に、付近にねぐらによさそうな森があるにもかかわらず電線で寝ていた例もあるので、積極的な理由で電線を選ぶことがあるのだろう。枝などに比べ、とまりやすく安定した電線は、案外、寝心地がいいのかもしれない。でも、北国の厳寒期では電線はつらいだろうなと思う。

「寿命はいくつ?」

「カラスは何歳まで生きるんですか?」

寿命に関する質問は非常に多い。生きものの寿命なんてわかりっこないと思っている私は、この質問を受けると「またか」と思うが、寿命が気になる人は多いらしい。

なぜ、わかりっこないのか。

考えてみれば簡単なことで、野生動物は誕生日がわからない。ましてや戸籍なんてあるわけがない。日本だって正確な年齢がわかるようになったのは、明治以降であるし（これだって怪しいこともある）、いまだに国民の年齢がわからない国もある。だから野生動物の寿命がわからないのは当然である。

「生まれたときに何か印をつけておいて、調査をすればいいじゃないか」といわれそうだが、後述するように、それはなかなか困難である。

「それなら飼ってみればわかるでしょ」

たしかに飼育動物ならばわかる。しかし、食べ物が十分あり天敵もいない環境でのんびり暮らしている動物の寿命と、野外で懸命に生きている動物の寿命はまったくちがうのである。

飼育している個体では、ロンドン塔のワタリガラスが、四十四年間生きた記録がある。しかし、野生では平均十三年くらいだと考えられている。ハシブトガラスでは、十年以上飼育されている鳥もけっこういるので、二十年くらいは生きると思うが、野生の場合は平均で、十年くらいではないだろうか。

巣づくり・子育て・巣立ち・繁殖

それではカラスはどんな人生（鳥生）を送るのだろうか。ハシブトガラスの例を、いまわかっている範囲で紹介しよう。

カラスは鳥だから卵から生まれる。卵も真っ黒だと思っている人がいるが、ペパーミントグリーンのきれいな卵である。卵の数は一つの巣で三〜五個。東京ではだいたい四月のはじめに産卵する。抱卵はメスの仕事で、約三週間でふ化する。ヒナは両親から餌をもらって、あれよあれよと成長し、およそ五週間で巣立ちする。

巣立ちしたあとも、一か月くらいは両親といっしょに生活する。巣立った幼鳥は、親と大きさがほとんど同じにもかかわらず、大きな口を開けて餌をねだる。「烏に反哺の孝あり」ということわざがある。これはカラスは大きくなって、親鳥の口に餌を与えて養育の恩に報いるということから、子が親に孝行することのたとえで使われるが、おそらく巣立ちビナが親から給餌される光景を見て勘ちがいしたのであろう。

八月から九月にかけて、子どもは独立して親元を離れる。親の縄張りから追い出されるのだとよくいわれるが、私は親鳥に追い出されるところは見たことがない。

セッカという小鳥は、ヒナが成長するとあちこちに動きまわるようになり、親がつねにヒナのそばにいなければならず、時間をかけての餌探しができなくなる。そうなるとヒナは食べ物が減るので、自分で食べ物を探しはじめ、独立することがわかっている（上田、一九八七）。ようするに、子どもが親を捨てるのだ。カラスの場合も、もしかしたら同じような事情なのかもしれない。

しかし、カラスはおもしろいことに、独立したはずの子どもが晩秋にひょっこり帰ってきたり、なかには翌年に帰ってきたケースがあるという。なかなか親離れ・子離れできない親子もいるのだろう。これは、親の暮らしによほど余裕がなければできないことである。

独立した若鳥は、若い者同士で集まって暮らすようになる。この若鳥グループは、放浪癖があって、あっちこっちに出没する。こんなふうに書くとなんだか根無し草のようで悪いイメージがあるが、すでに親鳥が縄張りを構えているため、行くところがなくてしかたなくフラフラしているだけなのかもしれない。若者の事情にも耳を傾けなければならない。

若鳥グループは、昼間は思い思いのところで過ごし、夜は成鳥といっしょになって森のねぐらで眠る。そんな生活を三年くらい続けるらしい。その間に、若鳥は結婚相手を見つけなくてはならない。

めでたく結婚相手を見つけ夫婦になったカラスは、縄張りを構えて定住する。一等地は大きな木がある場所だ。巣はなるべく木につくりたいからである。理想としては二〇メートルくらいの高さがほしい。しかし、そんないい物件はあまりないのが世の常で、一月ごろには、壮絶な縄張り争いが起こったりもする。一度、車を運転中、道路の真ん中につかみ合いになったカラスが落ちてきたことがあって、びっくりした。いい場所に縄張りが構えられなければ、カラスの人生は暗澹たるものになってしまうから必死なのだ。

巣づくりは、夫婦が共同しておこなう。東京ではだいたい三月に入ると、巣材の枝をくわえたカラスの姿をよく見かける。最近、建材として針金ハンガーが人気で、ハンガーだけでつくられた巣もある。ベランダから失敬してきたり、ゴミとして捨てられているのを拾ってくるのだろう。ハンガーの巣は、ごわごわしていて居心地が悪いのではと心配する人もいるかもしれないが、それは杞憂だ。ハンガーは外装材、つまり巣の土台で、卵を置く内側はシュロの樹皮や動物の毛、小枝、コケなどの柔らかい素材で保温性を重視してつくられる（写真7）。こんな巣をカラスは毎年新築する。

巣が完成すると夫婦は子育てに全力を傾ける。その間は、夜も巣のそばで過ごすことが多い。ただし、ヒナがある程度成長すると、寝かしつけてから、夫婦だけで森のねぐらに帰る

写真7　ハシブトガラスの内巣

例もあって、状況によって臨機応変に対応しているのかもしれない。
　八月の暑いころになると子育ても一段落して、夫婦だけの静かな生活にもどる。多くの鳥ではここで離婚が起こるのだが、カラスの場合は一生同じ伴侶であるといわれている。
　確かな追跡調査がないので、もしかしたら熟年離婚があるのかもしれないが、カラスは一生添い遂げるといわれている。カラスくらいの体の大きな鳥は繁殖に時間がかかるため、毎年、結婚・離婚を繰り返していては子育てに支障をきたすから相手を変えないのだそうだ。
　たしかにカラスは相手を変えないと思える行動がある。たとえば、小鳥の場合の求愛行動は、繁殖期の前に見られるが、カラスの場合は一年中である。

カラスは、「求愛給餌」と呼ばれるオスがメスに食べ物を口移しで与える行動や、「相互羽づくろい」という嘴でお互いの羽毛をやさしくかいてやる行動で求愛する。ちょっと見ていられないくらいのイチャイチャぶりで、目のやり場に困るほどである。もちろん求愛行動は、春先に多いのだが、注意して見ると一年中おこなっている。これはおそらく離婚しない（されない）ためにお互いの絆を深めようとしているのだろう。そして、カラスはつねに夫婦で行動している。

こんなふうにカラスは、二月から八月までの繁殖期は忙しい一日を過ごし、九月から一月までの非繁殖期は、比較的静かな夫婦だけの生活を送っているのだと思われる。

仲間の死体に集まってくる

カラスの行動のなかには、どうしても理解に苦しむものがある。「いったいなぜ、そんなことをするの？」といいたくなるほど不可解な行動である。

いちばんよくわからないのが、カラスの死体をさわっていると、ものすごい数のカラスが鳴きながら集まってくることだ。

ずいぶん前の冬のことである。私は東京・代々木公園へハシブトガラスの観察に出かけた。すると林の中で一羽のカラスが死んでいた。まあ、これはよくあることである。さっそく、死因を探るために死体をいじりはじめた。胸をさわってみれば、餓死で死んだかどうかくらいはわかるからである。

死体をひっくり返したり、持ち上げたりして、しげしげと見ていたときに、ふとカラスが騒がしいなあと思い、空を見上げた。すると、梢にはさっきまでいなかったのに、何羽ものカラスがいて、こちらの様子を興味深そうにうかがっているのである。びっくりしてあたりを見まわすと、それこそ森中のカラス全部が集結しているかと思えるほどたくさんいるではないか。とにかく付近は騒然とした、ただならぬ雰囲気になってしまった。たまたま近くを通りかかった人は、なにごとかと怪訝そうにこちらを見ている。

結局、あまりにも大騒ぎとなったので、死因調査は急遽とりやめ、死体を落ち葉の下に埋めてしまった。するとカラスはすぐに静かになって、三々五々、姿を消していったのである。

なぜ、カラスは集まったのであろうか。

死体を食べ物だと思うのだろうか。それならば、もっと早く食べてしまうはずである。何かの危険を察知するのだろうか。しかし、危険なのに集まってくるのは変である。普通は逃げる。

動物行動学の開祖であるコンラート・ローレンツ博士は、自著『ソロモンの指輪』のなかで、黒い物を持っているとコクマルガラスから激しく攻撃されると書いている。ローレンツ博士が、手に黒い海水パンツを持っていたら、たちまちカラスが雲のように集まってきて手を激しく攻撃されてしまったという。そしてその行動には、まぎれもなく仲間を救出する意味があるという。なぜそう解釈できるのか、何度読んでも私にはわからないが、博士はそうにちがいないと書いている。

日本のハシブトガラスが死体に大騒ぎしたことにも、そんな意味があるのだろうか。しかし、これは相当綿密な計画を立てて実験しないと解き明かせない難問だろう。

煙を浴びにやってくる

もう一つ、理解できないカラスの行動に「煙浴」がある。カラスは、煙突から煙が出ていると、急いで飛んできて煙突の吹き出し口にとまり、煙を浴びる。翼を半開きにしていかにも気持ちよさそうに、うっとりして煙を浴びるのである。とくに好きなのが真っ黒い煙である。ボイラーに火を入れると、最初のうちは不完全燃焼のため、真っ黒い煙が出る。カラスはその黒い煙が好きらしい。だからカラスは黒くなったのだと思えるほど、黒い煙に引かれる。

カラスの煙浴は、いつでもどこでも見られるというものでもない。私も一度見てみたいとかねがね思っていたが、なかなかそのチャンスがなかった。そんなある日、前出の東大・樋口教授にカラスの煙浴がよく見られる時期と場所を教えていただいた。

場所は、台東区根津にある銭湯の煙突であった。いわゆる下町にある小さな銭湯の煙突。先生の観察によると、カラスがよく煙を浴びに来るのは、梅雨時期のしかも雨上がりだとのこと。とくに午後一時ごろ、ボイラーに火を入れたときに、ボッと黒煙が出た瞬間がいちばんのチャンスだという。

私はカメラマンといっしょに、煙突が見えるマンションの階段の踊り場を借りてカラスが煙を浴びにくるのを待った。

余談だが、都会でカラスを観察するために、どうしてもビルの屋上やベランダなどの高い場所から見なければならないことがある。もちろん無断で立ち入るわけにはいかないので許可を得るわけだが、これがとても骨が折れる仕事なのだ。昨今のビルは、管理費が高くなるため、管理人さんが常駐していないことが多い。この場合、すぐに許可をもらうのはまず難

写真8　銭湯の煙突の上で煙浴するハシブトガラス

しい。また、かりに管理人さんがいても、物騒な世の中のせいか、なかなか「いいですよ」とはいってもらえないのだ。それでも、私がカラスの観察をはじめた一九九七年当時は、根気よくお願いすると許していただけたのだが、最近はまず断られる。カラスの研究をとおして、世の中の変化も感じることになるのである。

煙浴のケースは、風呂屋をのぞくわけだから、これはちょっと難しいかなと思ったが、管理会社の方のご厚意で快くお貸しいただけた。ほんとうにラッキーだった。

そんなご厚意でお借りできた場所に、一週間くらい通ったであろうか。二〇〇一年六月十五日、この日は小雨が午前中で上がり、絶好の煙浴日和。午後二時三〇分にカラスが煙を浴びに来た（写真8）。ついに念願の煙浴を見ることができたのだ。

　カラスはほんとうに気持ちよさそうに煙を浴びていた。日光浴しているようなそんな感じだったが、目的は何だろうか。

　樋口先生の研究では、湿度と煙浴に関係がありそうだということである（樋口・森下、二〇〇〇）。湿度がきっかけとなって寄生虫の動きが活発になり、カラスはたまらなくなって煙を浴びるのかもしれない。いぶして殺してしまおうということなのであろうか。

　また、私が観察したカラスは、なんだか体を温めているというか、濡れた羽毛を乾かしているふうにも見えた。しかし、雨が降る前にもすることがあるというので、乾かす目的ではない。温めるのだったら寒い冬に見られるはずだが、冬にはまず来ないという。カラスが煙を浴びる理由は、調べようとするとまさに「煙にまかれてしまう」。カラスというのはほんとうに不思議な鳥なのである。

第3章

カラスの知恵

1　カラスの頭のよさ

すぐれた観察力＋洞察力

カラスは頭がいいというのは、みんな知っている。もはや常識といってもいいかもしれない。ゴミにカラスが来ないように何かしかけても、すぐに見破られてしまい、「カラスって頭がいいんだなあ」と実感することも多いだろう。人の思惑がカラスに見抜かれているようで、感心してしまうのである。

では、「頭がいい」というのは、どういう能力をいうのであろうか。

人間界では、抜群の記憶力をもつ人を「頭がいいね」なんていう。この点でいえば、鳥は「三歩歩くと忘れる」というくらい記憶力が悪い動物とされる。ところがカラスには、それは当てはまらない。

宇都宮大学の杉田研究室では、いろいろな実験をしてカラスの能力を調べている。たとえば、一五人の顔写真を貼った容器の一つだけに、大好物のドックフードを入れて覚えさせると、一〇〇%近い正解率を出す。しかも三週間ほどブランクを開けても成績はほとんど変わらないというから驚きである。三歩どころか三週間たっても忘れないのだ。しかし、カラスの仲間のマツカケスは一万か所も貯食場所を覚えているのだから、こんなことは朝飯前なのかもしれない。

状況を的確に判断して行動する人も、賢いといわれる。カラスはこの点でもすぐれた能力を見せる。

鳥の子育てを観察するときには、ブラインドと呼ぶ小さなテントを巣の近くに張って身を隠す。そうすればこちらの姿が見えないため、おおかたの鳥は警戒することなく子育ての様子を見せてくれる。

しかし、カラスにはそうはいかない。渋谷のハシブトガラスの子育てを観察したときは、ほんとうに苦労した。たいていの鳥は、留守中にブラインドに入れば、意外とすぐに巣に戻る。もし、なかなか戻らなければ、ブラインドにいったん二人入り、一人だけ出る。そうすれば中にはもう人がいないと思って巣に戻る。鳥は算数ができないためである。しかし、この方法でもカラスはだませない。もしかしたら、計算ができるのかもしれないと思ってしまう。このときは結局、無人カメラ以外では観察ができなかった。的確な状況判断をし、危険を回避する能力がカラスはほかの鳥よりもすぐれているという実例である。

じつは、カラスのこの能力が研究の障害になっている。鳥の研究は、脚環などの目印をつけて個体識別をするのが第一歩である。それにはどうしても捕まえなければならないのだが、カラスの場合、これがままならない。たしかに捕獲することはできる。しかし、トラップに入るのはたいていが若鳥で、成鳥が捕まることはほとんどない。成鳥を捕まえて研究するのはまず無理である。日本有数の鳥の研究者で捕獲の名人といわれる人でも、カラスだけはあきらめたという。

おそらくカラスは、「これをやったら、このあとどうなるか」ということを理解できるのであろう。すぐれた観察力＋洞察力があるのだ。この能力が、ほかの鳥類ではありえないような、カラス特有の知的行動を生み出している。

滑って遊び、ぶら下がって遊ぶ

知能が高い動物は遊ぶといわれる。たしかにあまり知的とは思えない生きもの、たとえばゾウリムシなんかは、機械的に決められた動作を繰り返しているだけで、遊びと思える行動はしない。反対にサル山のニホンザルは、追いかけっこをしたり、ターザンごっこをしたり、遊んでいるふうに見える。

賢いと評判のカラスも、「あれは遊んでいるんだよ」なんてよくいわれる。しかし、見ただけでは遊びかどうか判断するのはとても難しい。

考えてみれば、人間だってそうだ。私なんか、平日も家にいてプラプラしているので、遊んでいるように見えるらしいが、本人の意識では遊んでいるわけではない。反対に、会社に通っていても、じつは何もしないで遊んでいる人もいる。遊びかどうかは当人の意識の問題でもあり、他人によって判断できない部分もある。

だから、何をもって遊びと判断するかは難しいのだが、遊びの定義を「生きていくのに直接必要がない行動」とするならば、カラスの行動には遊びがあるといえる。

たとえば、イギリスのワタリガラスは雪の斜面を滑って遊ぶ。それも翼を閉じて仰向けになって背中で滑る。

私は一九八五年十月号の日本野鳥の会会誌「野鳥」に載っていた一枚の写真でそれを知ったのだが、ほんとうにわが目を疑った。これを撮影したモフェットさんによると、仰向けで続けさまに三回滑ったそうである。たまたま足を滑らせてしまったのならば一回だけで終わるはずだが、三回続けたというのだから滑ることが目的なのは明らかだ。滑ることが生きるのに必要とは思えないから、遊んでいるのだとしか解釈ができない。

日本のカラスも滑りを楽しむ。

山口県周南市では、ハシボソガラスが児童公園のすべり台を何度も滑り降りるところが観察されている（唐沢、二〇〇三）。私も映像で見たことがあるが、楽しそうに何度も繰り返し滑る姿は、人間の子どもと同じに見える。

埼玉県や福岡県の野球場のドームをカラスが滑っているという情報もある。また、住宅の屋根の太陽熱温水器や学校の屋上にあるプラネタリウムのドームで滑っていたという話も聞いたことがある。とにかくカラスは滑ることが好きらしい。

ところで再度、すべり台を滑るカラスを調べていて気がついたのだが、よく見るとカラスは滑りはじめる前に、すべり台をのぞき込むようにしている。

この滑り台はステンレス製で、鏡のように姿が映るようだ。もしかしたら滑り台に姿が映ることが、行動のきっかけになっているのではあるまいか。そう思ってほかの事例を見ると、野球場のドームやプラネタリウムのドームはアルミやチタンなどの金属製であるし、太陽熱温水器もステンレスやガラス製なので姿が映る可能性が高い。こうなると、ますます姿が映ることと関連がありそうな気がする。

じつは、カラスにはガラスや金属などに姿が映ると体当たりしたり、つついたりする習性がある（カラス以外の鳥にも見られる習性でもある）。おそらく映った自分の姿をほかのカラスと勘ちがいして追い払おうとしていると思うのだが、とにかく鏡のように映るものにちょっかいを出す。想像をたくましくして考えると、滑り台に姿が映るのでちょっかいを出す。しかし、滑り台なので当然滑ってしまう。また、滑り台を見ると映っているのでちょっかいを出す。すると滑る。それを繰り返しているのではないだろうか。

しかし、この説は、追い払おうとしていない点が気になる。どうも見ても攻撃を加えているようには見えない。ただ滑りながら映る姿を眺めているように思える。もしかしたら、滑りながら映っている姿を眺めるのがおもしろいのかもしれない。いずれにしても、滑り台を滑っても生活が楽になるとは思えないから、遊んでいると解釈をしてもいいような気がする。

もう一つカラスが遊んでいると思われる行動に、ぶら下がり遊びというのがある。ハシボソガラスやハシブトガラス、ミヤマガラスが電線や枝でこの遊びをする。

私も見たことがある。電線にとまっていたハシブトガラスが、突然バランスを崩したと思ったら、片足でぶらーんとぶら下がった。そして、そのままの姿勢でじっとし、しばらくしてからパッとつかんでいた脚を離して飛んでいった。

こんな芸当ができても、おそらく生きていくのに何の役に立たないであろうから、おもしろくて遊んでいると解釈をしてもいいのではないか。さかさまに見える景色が新鮮だったのかもしれない。人間も股の間から逆さまの景色を見ると新鮮に見えるという、あれに近いのかな、と思ったりする。

若者たちのダンスパーティー

滑り台を滑ったり、電線にぶら下がって遊ぶカラスは、そう滅多に見られるものではない。しかし、「風乗り」と呼ばれる行動は、都会でも田舎でも意外と目撃することができる。

都会では、ビルの屋上などのアンテナがあるところで風乗りをしている。風が強い日に、何羽ものカラスが集まって、吹きつける風に身をまかせ、サーフィンをするかのように風に乗る。そして、アンテナのてっぺんにバランスを取りながらとまったりする。そうすると別の一羽が、「オレもオレも」といった感じで先の一羽をどかし、アンテナとまりに挑戦する。じつに楽しそうなのである。

田舎では、崖の上のマツのてっぺんなどの風が吹き上げるような地形で風乗りが見られる。いったいこの風乗りには、どんな意味があるのだろうか。

はじめは楽しいからやっているだけなのかなと思っていたが、注意深く見ていると何となく二羽で行動していることに気がついた。もしかしたら、風乗りはつがいの相手を見つけるための行動なのかもしれない。

それに風乗りは一年中見られる。じつはここが重要で、三月から七月までの繁殖期は子育てをしている成鳥は縄張りを守る仕事があるから、その時期に縄張りを離れて遊んでいることはまず考えられない。したがって繁殖期に風乗りをしている鳥は、若い鳥である可能性が高い。ようするに、若者が集まって遊んでいるのである。だから、「若鳥がカップルになるために風乗りをしているのではないか」と思ったのである。

じつは、海外でも同じことを考えている人がいた。ワタリガラスの研究で有名なバーンド・ハインリッチ博士は、自著『ワタリガラスの謎』のなかで、風乗り遊びは、若者のダンスパーティーのような役割があるのでないかと記している。よくアメリカ映画に、ダンスパーティーでボーイフレンドやガールフレンドを射止めようとするシーンが出てくる。カラスの風乗りは、そんなシーンを彷彿させるというのである。たしかに私にもそう見える。

ハインリッチ博士は、カラスの遊びといわれる行動を「それを演じるワタリガラスたちがその場の楽しみに促されていることはまちがいない。しかしそれを遊びとして片づけてしまうのは、進化的観点に立った説明とはいえない。その行為には機能があるはずなのだ」と述べている。一見、無駄な遊びに見えることが、じつはとても大切な行動であるというのは、人でもカラスでも同じなのかもしれない。

固い貝を食べる知恵

カラスがほんとうに頭がいいなあと感心するのは、採食行動に関連することが多い。たとえば、普通ならば食べられないような、とんでもなく固い物でも知恵を使って食べてしまう。固い殻で身を守る貝、とくに巻き貝は二枚貝とちがってこじ開けることもできないし、よほど特殊な歯や強いあごがないかぎり、かじっても割ることができない。しかし、そんな頑強な貝殻の防具もカラスの知恵にはかなわない。高いところから落として割ってしまうからだ。ハシボソガラスやカナダ西海岸に棲むヒメコバシガラスなどがこの採食行動を見せる。

この貝落としの行動は、北海道から鹿児島まで観察記録があり、おそらく貝がとれる場所に棲むハシボソガラスはみんなこの行動をするのだろう。私も北海道厚岸町で詳しく観察・

撮影したことがあるが、なかなかの知恵を発揮していた。

　厚岸の港では、定置網にくっついた商品にならないコエゾバイなどの巻き貝を、漁師さんがポイポイと投げ捨てている。その貝をハシボソガラスが落として割るのである。しかも、かならず舗装道路まで飛んでいってから落とすから感心してしまう。

　じつは、カモメの仲間も空中から貝を落として割る。しかし、地面の固さまで考えていならしく、柔らかい砂の上でもかまわず落とすのである。だからなかなか割れないのだが、カラスは舗装路に行って落とすので、すぐに割ることができる。ちゃんと効率まで考えて確実な方法を選んでいるのだ。

　さらに、カラスは明らかに貝の種類とサイズを認識しているという研究報告もある（高木、二〇〇二）。高木さんは、コエゾバイ、アヤボラ、エゾボラ、チヂミボラという大きさや重さのちがう四種の貝を給餌する実験をおこなった。その結果、コエゾバイがもっとも好まれ、アヤボラ、エゾボラ、チヂミボラの順に選んだという。コエゾバイが大きさといい重さといい、もっとも扱いやすいサイズのため好まれ、エゾボラは重すぎ、チヂミボラは軽すぎて割るのがたいへんになるため、敬遠するのだそうだ。しかもアヤボラは適度な重さであるが、殻が固く割れにくいため、カラスはほかの貝よりも高い位置から落として割るという。ちゃんと、どうやれば貝が効率よく割れるのか、経験によって学習するのだろう。

そういえば、港にはハシブトガラスもたくさんいる。しかし、ハシブトは貝落としをまったくやらない。それどころか貝にはまったく興味がなく、食べようとしないのである。貝の珍味はハシブトの好みではないのかもしれない。

人が運転する車を「道具」に

クルミの実もそうとう固い。とくにオニグルミは、クルミ割りでも歯が立たず、トンカチでガチーンとやらないと割ることができない。そのためオニグルミを食べられる生きものは、鋭い歯をもつリスとネズミぐらいしかいない。ところが、ハシボソガラスはこんな固い実も知恵を使って食べてしまう。

もちろん、トンカチでというわけはないが、貝と同じように高いところから落として割る。貝よりも固いので一回落とすくらいではだめだが、何回も根気よく落とすと割ることができる。このクルミ落とし行動は、クルミがある地方ならば全国各地で見ることができる。

ところで、このクルミを落とす習性は、学習によるものなのか、それとも本能的な行動なのか、気になるところである。私は、おそらく本能ではないかと思っている。というのも東京都葛飾区にある水元公園にはハシボソガラスがいるが、クルミがほとんどないので実を落とす行動は見られない。しかし、人がクルミを与えると、ちゃんと空から落として割るのである。このことからハシボソガラスのクルミ落としの習性は、ある程度生まれつきもっているものだと考えられる。ただし、クルミを落とす高さやどんな地面に落とせば割れやすいかなどは、学習によって獲得していくのであろう。明らかに幼鳥は、クルミ落としが下手だからである。

ちなみに、ハシブトガラスにクルミを与えても、落とす行動は一切しない。一度は興味深げにくわえるが、食べ物ではないと思うのか、すぐに放棄してしまう。

ハシボソガラスのクルミ割り法には、もう一つ高度な技がある。走行している自動車に踏ませて割るのである。

二〇〇六年の秋ごろにやっていたBMWのテレビCMでも、カラスがクルミを自動車にひかせようとするシーンを流していたので、「ああ、あのことか」思い出す人もいるかもしれない。

このCMは、飼育のカラスを使ってオーストラリアで撮影したものだが、実際に日本のハシボソガラスは車にクルミを踏ませるのである。

車利用のカラスは、これまでに秋田、青森、岩手、新潟、北海道、富山、宮城などで観察されている。海外では、アメリカ西海岸での報告はあるが、はっきりした確証は得られていない。

車利用のカラスが、もっともよく見られるのが、宮城県仙台市内の東北大学川内キャンパス周辺で、日本でいちばんはじめに車利用のカラスが報告された場所でもある。

一九九二年二月、東北大学教授の仁平義明さんは、キャンパス入り口の隅櫓交差点で赤信号で停車した。すると一羽のハシボソガラスがクルミをくわえてきて、車のタイヤ前に置いたのである。

この車利用のカラスの行動には、詳細な観察の結果、いくつかのパターンがあることがわかった（仁平・樋口、一九九七）。

一つは、赤信号などで停車した車のすぐ前にクルミを置く方法で、これはかなりの確実性がある。二つめは、徐行している車の前に急に出て行って強制的に停車させクルミを置く方法である。かなり無茶なやり方であり、もしドライバーが温厚でなければひき殺されてしまうリスクを伴う。三つめは、走行中の車のタイヤにクルミを投げつける方法。これは安全だが、なかなか成功しない。四つめは、あらかじめ路上にクルミを置いて踏まれるのを待つ方法。五つめは、電線や街灯にとまって上からクルミを落として車に踏ませるやり方である。

車利用には、自分なりのスタイルがあることがわかる。これが遺伝的な行動ならば、機械的に同じ方法をするはずだから、車利用はカラスが頭脳であみ出した技であると考えてもいいかもしれない。

しかも、カラスはかなり効率を考えて車利用をおこなっているのではないかと思えるふしがある。

仁平さんらによると、クルミを置く場所には三つの共通点があるという。まず、クルミの木が近くにあること、そして適度な交通量があることである。適度な交通量というのはとても大切なことで、一時間待っても一台しか車が通らなければ、それこそ待ちくたびれてしまうし、バンバン車が通るところでは、危なくて実なんか置くことはできない。適当な交通量というのがいいのである。

三つめの共通点は、交差点、ロータリー、カーブ、急坂などの車が徐行、または一時停止する場所である。ようするに、車がゆっくり走る場所ということだ。車がゆっくりでないとクルミを置くタイミングが難しくなる。また、あまりにも速いスピードでクルミが踏まれると、実は粉々になってしまうし、はじかれてどこかに飛んでいってしまうこともある。だからゆっくりと走る場所でないとだめなのである。

こうして見てくると、カラスの車利用の条件はなかなかきびしいのだが、この条件をすべて兼ね備えている場所がある。それは自動車学校である。

東北大学川内キャンパスのすぐ近くに広瀬川が流れている。その河川敷に自動車学校があり、ここではカラスがかなりの頻度で車利用行動をする。たしかに、教習コースは車がとてもゆっくり走る。カーブもあるし、一時停止もたくさんある。さらに、いつでも練習をしているので交通量もちょうどいい。クルミを割ってもらうのには最適な場所なのであろう。

私もこの学校に何回も通い、カラスの車利用行動を観察・撮影しているが、見るたびに感心してしまう。

たとえばカラスは、クルミが踏まれなかったとすると、「今度はこのへんかな?」といった感じで、嘴で微妙に位置をずらして調整をする。どうもカラスは車の動きを予想しているようである。このようなカラスの行動を見るのはじつに楽しい。うまく実がひかれてパン！と音がしたときには、思わず拍手したくなる。

そういえば、教官からおもしろい話を聞いた。

「私はカラスがクルミを置くと、教習生に踏めといっているんだよ。タイヤの位置を知るいい訓練にもなるからね。けっこう難しいんだよ」

私も挑戦してみたことがあるが、たしかにけっこう難しい。タイヤのある位置がわからないのである。この自動車学校では、カラスも教官なのである。

伝播する行動

ところで、カラスはいつごろから車を利用するようになったのだろうか。

その起源を明らかにするために、仁平さんらは、野鳥の会の会員や東北大学教職員、学生、自動車学校の教官などを対象にアンケート調査をおこなっている。それによると、いちばん古く車利用行動が見られたのは、先ほどの自動車学校で一九七五年であった。そして、目撃例は自動車学校から遠くなるほど時期が新しく、これは車利用行動が波紋のように広がっていったことを示している。つまり、車利用行動は、一九七五年ごろに自動車学校ではじまり、だんだんと周辺へ広まっていったと考えられるのである。

自動車学校では、一九七五年以前でもクルミを空から落とす行動が見られている。クルミの木は川沿いに多いので、河川敷の自動車学校のまわりにはたくさんある。その実を割るのに舗装された自動車学校のコースはいちばん都合がよい。きっとカラスはひんぱんにクルミを落として割っていたにちがいない。そんなある日、たまたま実が車にひかれてしまった。それを見たカラスが「なーんだ、こんな方法があるんだ」と思ったのかどうかはわからないが、学習して車利用行動が生まれたのではないだろうか。そして、それがしだいに別の個体に伝播していった。

もちろん、仙台でも全部のハシボソガラスが車を利用するわけではない。空から落とすカラスのほうがずっと多い気がする。クルミはなかなか割れないが、それでも五回くらい落とせば割れるし、落とすところも地面が固ければどこでもいい。それに比べて車利用は、やる場所の条件もきびしいし、うまくひいてくれない場合も多く、それほど効率的ではないのかもしれない。

それなのになぜ、車利用行動をするカラスがいるのだろうか。これはまだ明らかになっていないが、もしかしたら遊びの要素が含まれているのではないかと考えられている。

クルミがタイヤにひかれると「パン！」とかなり大きな音がする。この音がおもしろくてやっているのではないかと思われるのだ。たしかに人がやってもかなりおもしろい。遊び好きなカラスならばやりそうな感じがする。

しかし、残念なことに仙台では二〇〇〇年以降、車利用行動のカラスがなかなか見られなくなっている。私も二〇〇一年の秋に観察に出かけたが、一週間の滞在で一度も見ることができなかった。仙台以外の場所でも、車利用行動が長期間にわたって続けて見られるケースは少ない。カラスにとって車利用は、高度な能力が要求される行動である。もしかしたら、技を受け継ぐ後継者がいないのかもしれない。

蛇口を開けて水を飲む

私には、日本全国にカラスの情報を交換している仲間がいる。そんな仲間の一人、北海道に住む中村眞樹子さんは、札幌の公園に通い、カラスの観察を詳細におこなっている。その中村さんから二〇〇五年八月にＤＶＤが送られてきた。その映像を見て私は腰が抜けそうなくらい驚いた。

なんと、カラスが公園にある水飲み用の水道の蛇口を嘴で開けて飲んでいたのだ。なんの迷いもなく、それはそれは洗練された動作であった（私のホームページに動画があるので、興味がある方はご覧いただきたい）。もちろん野生のカラスである。

さらに驚いたのは、ハシボソとハシブトのどちらもがおこなっていたことだ。器用なハシボソガラスならば、そんなこともあるかと思えるが、ハシブトガラスというのはめずらしい。

中村さんの話によると、蛇口を開けることができるのは、ハシブトガラス一羽とハシボソガラス一羽の二羽だけで、ハシブトのほうがはじめに蛇口を開けたという。

このハシブトには、ちょっとした事情があったようだ。

二〇〇二年の夏にこの公園で生まれたのだが、どうしたわけか冬近くまで飛ぶことができずに、ひとり立ちができなかった。ほかのカラスにもいじめられる存在で、翌年も親元から離れずに給餌を受けていた。そして、二〇〇三年七月ごろ、突然、蛇口を開けて飲みはじめたという。

興味深いことに、このハシブトは両親と三羽で水を飲むことがあるが、蛇口を開けるのは子どもだけで親はやらないという。年をとった固い頭では学習できない行動なのだろうか。

ハシボソガラスのほうは、いつもハシブトが蛇口を開ける様子を見ていたそうで、まねをして蛇口をつついているうちに偶然開き、覚えたのではないかということである。このハシボソはオスで、つがいのメスといっしょに水飲み場にやって来る。オスはメスのために、蛇口を開けてやることもする。ちなみにメスは、練習はするが蛇口を開けられたことはない。ハシブトのほうは人が見ているとやらないが、このハシボソは人間に慣れていて、人が見ていても気にしないで蛇口を開けるそうである。

なぜ、この公園のカラスが蛇口を開けることを覚えたのだろうか。

一つ重要なのは、蛇口の形状である。レバー式ではなく、ハンドル式の回すタイプであったら無理だったはずだ。

これは推測の域を出ないが、最初に行動をはじめたハシブトガラスがとても弱い個体だったからではないかと思う。劣勢個体のために、ほかのカラスが水を飲む場所を利用できず、水飲み場を開拓する必要があった。ところが、人間用の水飲み場はいつも水が出ているわけではない。水が飲みたい一心で蛇口をいじっているうちに、偶然レバーを起こしてしまい、開け方を覚えたのではないだろうか。

ところで、この天才カラス君たちは、蛇口を開けることはするが、閉めることはしない。だから水が出しっぱなしになる。カラスにとっては、いつでも水が出ていたほうが都合がいいが、人間側は出しっぱなしは困る。だから中村さんは、出しっぱなしの水道をいつも閉めてまわっていたそうだ。それでもフォローをしきれないため、ついに公園の管理者は、カラスに開けられないように蛇口の形状を変えてしまったという。もちろん、カラスは開けられなくなってしまい、私は、カラスの華麗な技を見損なってしまったのである。なんとも残念で悔やまれる。

2　道具を使うカラスを見に行く

道具をつくるカレドニアガラス

カラスがいくら頭がいいといっても、さすがに人やチンパンジーにはかなわないだろうと普通は思う。私もそう思っていた。ところが、一九九六年、イギリスの科学雑誌「ネイチャー」に衝撃的な論文が掲載され、その常識がにわかに怪しくなった。

その論文には、南太平洋に浮かぶ亜熱帯の島ニューカレドニアに棲むカレドニアガラスは、二種類の道具をつくり、木の穴の中に潜む昆虫をつかまえること、その道具は地域によって型のようなものがあり、そのレベルは旧石器人並みであることが書かれていた。

道具使用は、人間の専売特許であると長い間、信じられてきた。しかし、いまではチンパンジーやオランウータンなども道具を加工し、使用することが知られている。一説では人とチンパンジーでは、DNAがほとんど変わらないそうだから私はあまり驚かないが、正直、鳥類のカラスがそこまでの能力をもっているとは信じられなかった。

こんなすごいカラスを見に行かないわけにはいかない。

私は論文の著者であるギャビン・ハント博士（ニュージーランド・オークランド大学）に手紙を書き、取材協力を申し入れた。そして、一九九九年九月から一か月にわたってカレドニアガラスの道具使用を観察・撮影することができたのである。

その成果はNHK生きもの地球紀行「南太平洋ニューカレドニア〜知ってビックリ道具を作る天才ガラス」（二〇〇〇年三月）で放送した。

日本でカラスを見るのはなんてことないが、カレドニアガラスを見るのは意外とたいへんである。森の中に棲んでいるうえ、数も多くない。

私たちはハント博士に案内され、グランドテール島中央部にあるサラメアの森にやってきた。博士によると、この場所がいちばんカレドニアガラスに出会えるチャンスがあるという。そうはいっても、森の中を移動しながら暮らしているカラスである。ただやみくもに探しても見つかるものではない。

博士は、「いい方法がある」といって、テープレコーダーと拡声器を私たちに見せた。テ

写真9　カレドニアガラス。左端のカラスが棒の道具をくわえている

ープにはカレドニアガラスの声が録音されており、森に向かって声を流せば、カラスがやって来るという。

準備を終えた博士がプレイボタンを押すと、拡声器からカラスの声が森の奥に向かって流れはじめた。

「クワックワックワッ」

日本のカラスとはだいぶ趣の異なる声である。

五分もしないうちに、森の奥からテープと同じ声が聞こえはじめた。そして、ついにカレドニアガラスが姿をあらわした。

「こいつがチンパンジーをも上まわる知恵をもつカラスか……」

カレドニアガラスの第一印象は、とても小さく見えた（写真9）。

こうしてカレドニアガラスと対面することができたわけだが、このあとカラスはすっかり私たちに慣れ、興味深い道具使用をじっくりと見せてくれたのである。

棒を使って虫を釣る

カラスがやって来る樹種は決まっている。ククイノキというトウダイグサ科の高木である。枯れて倒れたククイノキの幹にはカミキリムシの幼虫がいて、それを食べにやってくるのだ。しかし、問題は幼虫がいる場所だ。幹の奥深くにいるため、たとえ穴があいても嘴が届かないのである。

キツツキならば、ものすごく長い舌があるので幼虫を取り出すことができる。しかし、カラスにはそんな体の道具がない。でも、栄養豊富な美味しい幼虫をどうしても食べたい。そんなことから、道具を使いはじめたのであろう。

カレドニアガラスは、棒を嘴でくわえて穴に入れ、幼虫を取り出すのである。

すごいのは棒の使い方で、最初、私は棒を突っ込んで突き刺しているのだと思っていた。ところが穴の中の幼虫が見える位置に超小型カメラをしかけて詳しく観察してみると、カラスは棒の先で幼虫の口のまわりをつついて怒らせ、かみついたところを微妙な力加減で釣り上げていることがわかった。

たしかに、返しがない棒を突き刺しても、幼虫が死んでしまうだけで、取り出すことはできない。かみつかせて釣り上げるのがいちばん理にかなった方法である。

私はカラスの幼虫釣りを見ていて、子どものころを思い出した。それはハンミョウの幼虫釣りと同じだったからである。

ハンミョウの幼虫は、地面の穴の中に棲んでいて、穴に草を差し込むとかみついてくる。その習性を利用して幼虫を釣り上げる遊びを子どものころよくやったのだ。なぜかニラを使うとよく釣れるので、ニラムシ釣りなんて呼んでいた。カレドニアガラスは、まったく同じ方法でカミキリの幼虫を釣り上げていたのである。

私の幼虫釣りではニラがこだわりの道具だったが、カラスの幼虫釣りにもこだわりの道具があることが観察をしているうちにわかってきた。

いちばん使われるのは、ククイノキの葉柄であった。ククイノキの葉は団扇のようになっており、長い柄がついている。カラスは嘴で葉を取り除き、柄の部分をまっすぐな棒に加工して使用する。なぜこの素材にこだわるのか、最初はわからなかったが、自分で幼虫釣りをやってみて理由がわかった。葉柄の切り口が繊維状になっていて、幼虫のあごにひっかかり

写真10　パンダヌスツール

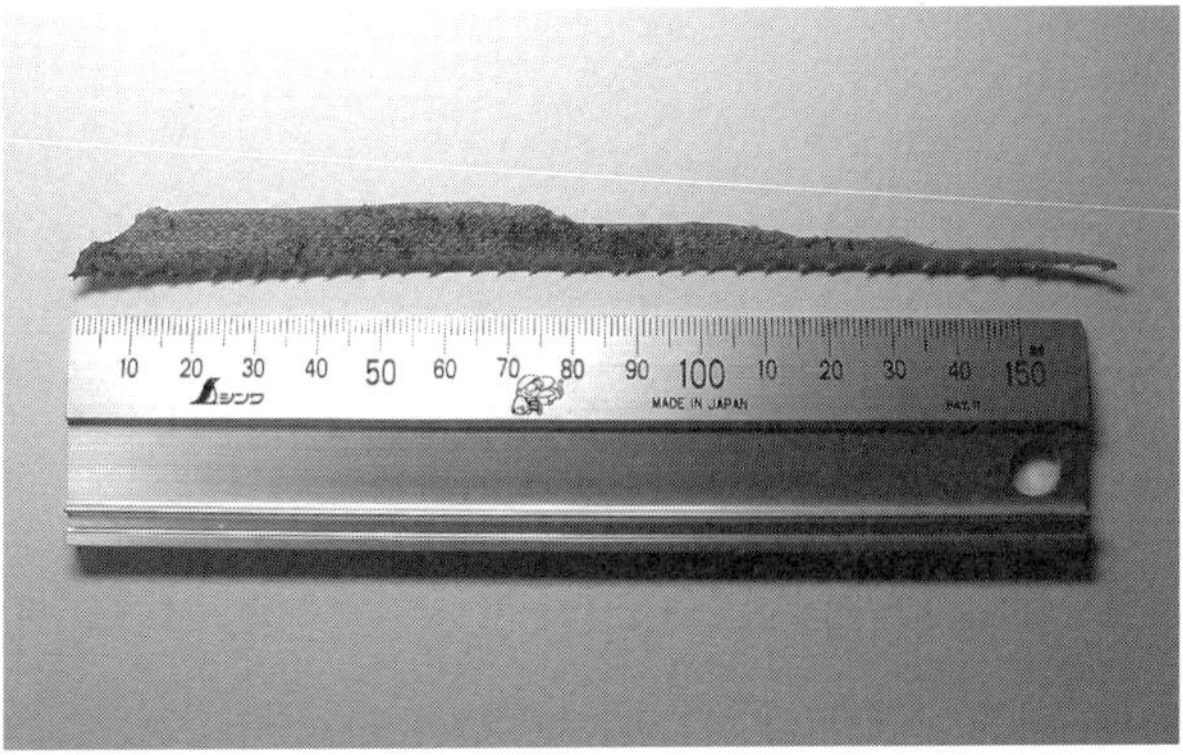

やすいのだ。釣り用語でいえば、「ハリがかりがいいので、バレにくい」のである。単純な棒であると思ったが、そうではなかった。カラスはやはり天才だ。

驚きの道具の数々

カレドニアガラスが使う道具は、ほかにも二つある。一つは「フックツール」と呼ばれる先がカギ状になった棒の道具である。カラスは、枝の股の部分から折りとって加工し、先がカギになった道具をつくる。

もう一つは、「パンダヌスツール」と呼ばれる。トゲのあるパンダヌスの葉の縁を切り取ってつくった道具である（写真10）。ハント博士によると、パンダヌスツールには、地域によって規格のようなものがあり、同じ地域に棲むカラスは同じサイズの道具をつくるという。それはまるで工業製品の型のようなもので、文化として受け継がれているのではないかと考えられている。

これらの道具を使うカラスは、幼虫釣りをおこなっていたサラメアの森にはいない。棲んでいる場所によってねらう獲物がちがうので、道具もちがうのである。

私たちは二つの道具を使う場面を見ようと、ピック・ニングアという山に登って観察を試みたが、これが困難をきわめた。ピック・ニングアは標高一〇〇〇メートルほど。深い森で、あまりにもうっそうとしていて見通しが悪く、梢近くがほとんど見えない。さらにカラスの個体数も少なく、結局、十日間の滞在のうち、フックツールとパンダヌスツールをくわえているところを各一回しか見られなかった。道具をつくるところや使うところが見られなかったのは残念だが、大事そうに道具をくわえていた。一生懸命つくった道具は使い捨てではなく、持ち運んで大切に使っているのだろう。

その後、ハント博士は、フックツールとパンダヌスツールの詳細な観察に成功している。カラスはこれらの道具を巧みに使い、穴の中に潜む昆虫をフックやトゲに引っかけて取り出すのだそうだ。

野生の個体ではないが、オックスフォード大学で飼われているカレドニアガラスは、針金を嘴で曲げてフック状にし、穴の中のものを取り出すという。もちろん誰にも教わっていない。カラスは、フック状に加工すると物が引っかけられるということを生まれながらにして知っているのであろう。カラスの知恵にはただ驚くばかりである。

ピンポイントで岩に当てる知恵

数々の知恵を見せる驚異のカレドニアガラスには、まだまだ知られていない能力があるようだ。私がニューカレドニアでカラスを観察している間にも、新たな発見があった。

カミキリムシの幼虫釣りをある程度観察し終わったある日、時間に少し余裕ができたので、ほかの行動も撮影しようということになった。博士の提案で、カレドニアガラスも日本のハシボソガラスと同じように、固い木の実を落として割る習性があるから、それを撮ることになった。私は日本のカラスと変わりばえがしないので、あまり乗り気にならず、撮影をカメラマンの佐久間文男さんだけにまかせた。

その日の夕方、佐久間さんが撮影を終えて帰って来るなり、こういった。

「柴田君、ここのカラスはほんとうに頭がいいよ！」

なんでもカラスは木の実をかならず決まった枝の股の部分に置き、そこからねらった岩に落として割るのだという。木の股はまるで照準機のようであるとのことだった。

これを聞いた私とハント博士は、顔を見合わせてしまった。これまでまったく知られていない新しい発見だったからだ。

さっそく翌日現場に行き、詳しく観察をはじめた。

カラスが落としていたのは、ククイノキの実であった。実はクルミとよく似ていて固い殻に包まれている。だから硬い岩などに落として割らなければ中身を食べることができない。

問題は実をぶつける場所である。日本ならば舗装道路に飛びながら落とせばいいが、ここは亜熱帯のジャングルである。実をぶつけられる岩はそうたくさんないし、あってもあまり大きくない。そのためピンポイントで岩に当てる必要があるのだ。また、森の中では飛びながらねらいを定めて落とすこともできない。

そんな状況のなか、カレドニアガラスは、決まった枝の股の部分に実を置き、そこからついて落とす方法をあみ出した。枝は、まさに爆弾投下のねらいを定める照準機であった。その証拠に岩の上は、直径一〇センチほど丸くコケが生えておらず、相当正確に実が当たっていることを物語っていた。

この発見は、その後ハント博士が詳しくデータを取り、オーストラリア鳥学会誌「エミュー」に博士と佐久間カメラマン、そして私の共著で論文を発表することができた。

それにしてもカレドニアガラスの能力というのは、いったいどこまですごいのか。なんだか末恐ろしいというのが、私の率直な感想である。

カレドニアガラスが、なぜここまでさまざまな知恵を発揮するのか、その答えを見つけるのは非常に困難であるが、想像をたくましくして考えてみたい。

カラスの知恵の発達は、おそらく島という環境に棲んでいることと関係していると思われる。島は面積が狭いうえ、大陸から遠く離れているため、利用できる資源は限られている。スカベンジャーであるカラスにとっては、生きるのにきびしい環境である。そこで生き抜くために未利用資源に目をつけたのであろう。

島にはキツツキがいない。ということはカミキリムシの幼虫などは未利用資源である。ところがその資源は、幹の中に潜んでおり、普通の方法では利用することができない。そこであきらめてしまうのが普通の生きものであるが、鳥類のなかでも類い稀な知能をもつカラスの頭脳が、道具使用という驚くべき行動を生み出したのではあるまいか。

もちろん、これには簡単に反論もできる。キツツキがいない小さな島に棲んでいるカラスはカレドニアガラスだけではないからだ。同じような状況にいながら、道具を使うカラスと使わないカラスがいるのは、ほかにもさまざまな要因が背景にあるからだろう。

カレドニアガラスの知恵を見ていると、私は小さな島国で繁栄した技術立国の日本を思い出す。生きものが生きる原動力というのは、鳥も人も根本ではあまり変わらないのかもしれない。

第4章

カラスが東京を愛する理由

1　「コンクリート・ジャングル」で生きる

カラスの街・東京

「東京はカラスでいっぱい」と大騒ぎになったのは二〇〇〇年ごろ。当時は、地方に行っても「東京はカラスだらけなんでしょ」と多くの人に聞かれた。

そのころは、テレビをつけるとどのチャンネルでも、ワイドショーで「傍若無人のカラス大被害」なんて大げさなタイトルをつけて、レポーターが眉をひそめて現地ルポをしているものだから、日本中の人が東京はカラスでいっぱいだというイメージをもってしまったのである。

実際、東京にはカラスがたくさんいる。

早朝の銀座では、カラスばかりが目立つ。地下鉄の銀座四丁目の出口から地上に出たとたん、カラスがわんさといて目を丸くしている外国人を見たことがあるし、有名なビアホールの前に積まれたゴミの山に、いっぺんに五〇羽ものカラスがたかることもある。新宿にも、渋谷にもカラスがいる。とにかくあっちを見てもカラス、こっちを見てもカラス。東京はそんな印象である。

世界の都市を眺めても、東京ほどカラスがいるところを私は知らない。ただし、聞いたところによるとインドのムンバイには、イエガラスがたくさんいるそうだ。これは信仰による理由らしい。

もちろん世界の都市にカラスがまったくいないというわけではない。アメリカ・ロサンゼルスにもアメリカガラスが群れ飛んでいたし、オーストラリア・メルボルンの街中にはミナミワタリガラスが、ケニア・ナイロビの公園にはムナジロガラスがいた。しかし、東京のように、いつどこを見てもカラスがいるようなことはなかった。

東京以外の日本の都市はどうであろうか。

東京のつぎに大きな都市である大阪の繁華街では、意外なことにカラスを見ない。道頓堀のくいだおれ人形の前に立っていても、カラスは来ない。名古屋も松本もカラスがあまりいなかった。

それでは東京以外の大都市にはカラスがいないのかと思うと、札幌、京都、仙台、金沢にはけっこういる。しかし、いずれの都市も印象としては東京よりもずいぶんカラスの数が少ない気がする。

どうして東京にはこんなにたくさんカラスがいるのだろうか。

東京には何羽いるのか

ところで、東京にはカラスが何羽くらいいるのだろうか。数がわからなければ、多い少ないといってもあまり科学的ではない。

結論からいうと、だいたいの数はわかっているが、正確なところは不明である。鳥の数というと、ＮＨＫ「紅白歌合戦」で野鳥の会の人たちが、カウンター片手にカチャカチャやっていたのを思い出す人が多いらしい。ああやって数えるので、鳥の数は正確につかめていると思われがちだが、それは誤解である。カラスにかぎらず、野鳥の数は把握しがたい。

東京のカラスの個体数調査が難しい原因はさまざまであるが、まず、第一に東京という範囲設定が難しい。行政区分でいうと二十三区から多摩地区、山間部の奥多摩地区、伊豆諸島や小笠原諸島までが東京都である。東京のカラスとは、厳密にはこの範囲のすべてのカラスの個体数をさすことになる。また、鳥には行政区分がないので、江戸川区のカラスは、千葉県市川市にも行くし、都心のカラスが埼玉県まで飛んでいっているかもしれない。ようするに、「東京のカラス」と定めるのが難しい。

カラスの個体数は、ねぐらに集まる習性を利用すればだいたい把握できることは第二章に書いた。それならば、東京とその周辺のカラスのねぐらをつきとめて数えれば、東京のカラスの数がわかるはずである。しかし、ねぐらの個体数を数えるのはとてもたいへんな作業である。ねぐらをぐるっと調査員で包囲しなければならないし、カラスは日によってねぐらを変えるので、正確な数字を求めるためには、同じ日にいっせいに数えなければならない。これを実現させるには、かなりの要員が必要となる。

また、ねぐらに集まらず単独で寝ているカラスもいる。こんな鳥をもれなく数えるのは不可能である。

このような理由で、東京にどのくらいカラスがいるのか、正確なところはわからないのである。

でも、がっかりしないでほしい。都心部に限ってであるが、アマチュアの鳥研究団体や国立科学博物館附属自然教育園、日本鳥類保護連盟などがおこなった調査があり、ある程度のことは把握されている。

　私が所属している都市鳥研究会では、一九八五年から五年に一回の割合で、都心にある明治神宮、自然教育園、豊島が丘墓地の三か所のねぐらに入るカラスの個体数をカウントしている。

　二十年間の調査で、三つのねぐらに入ったカラスの数は、一九八五年には六七二七羽。五年後の一九九〇年には一万〇八六三羽。一九九五年は一万六一五七羽。二〇〇〇年は一万八六六四羽。二〇〇五年には少し減って一万二二二五羽であった。

　また、この三大ねぐら以外にも二十三区内には中小規模のねぐらがあり、その総個体数は多いときでだいたい一万羽くらいと見積もられている。したがってこの羽数を足して、東京のカラスは、三万羽であるとする説もある。

　ちなみに都市鳥研究会の調査は、カラスに関心があるアマチュアの人々が完全ボランティアでおこなっている。都市鳥研究会の先見性と地道な活動があったからこそ、東京都心のカラスの数がある程度把握できるのである。カラスの数なんか行政が調べていると思っている人もいるが、日本の行政はまずやらない。東京都はカラス対策の効果測定として、数回カラスの個体数調査をおこなったが、問題が顕著になってはじめて重い腰を上げたのである。また、そのデータは、後述するように調査精度に問題がある。

さらに広範囲の調査もある。

日本野鳥の会東京支部では、首都圏に住む野鳥関係者の協力で、都心から半径五〇キロ圏内のカラスの概数をまとめた。その結果、一三万羽という数字が導き出された。

これを多いと見るか少ないと見るかは難しいところだが、第二章に書いた一九六二年の長野県のカラスの総羽数が一万五〇〇〇羽だったことを考えると、かなり多いといってもいいかもしれない。やはり、東京がカラスの街であることはまちがいない。

九九・九%がハシブト

興味深いことに、東京都心の三万羽の九九・九%はハシブトガラスで占められている。ハシボソガラスはまず見られない。

ハシブトガラスのキャッチフレーズは、「森のカラス」である。その森のカラスが、どうしてビルばかりの大都会で暮らしていけるのか、考えてみれば不思議である。

しかしちょっと見方を変えると、ハシブトガラスにとってビル街は森になる。

ハシブトガラスの採食習性は、枝にとまったり飛んだりしながら高い場所から地面を見下ろし、「サッと下りて、パッととる」であった。これがハシブトガラス独特の森での食べ物のとり方である。

それでは都会のビル街ではどうしているか。たとえば銀座のみゆき通りでハシブトガラスの食事風景を観察してみよう。

カラスは街灯や看板にとまって地面を見下ろす。するとご馳走が入ったゴミ袋がある。安全だとわかるとサッと下りて、食べ物をパッととって、すぐに街灯や看板に飛んで上がる。これは森でやっていた方法と同じである。森での採食習性がビル街でも通用するのだ。

図7は、森でのハシブトの暮らしとビル街での暮らしを比較した模式図である。森とビル街では構造がまったくちがうように思えるが、こうして比べてみるとよく似ている。森の木々が街灯や看板に、獲物である動物の死体がゴミ袋に置き換わっているのである。

ビルが林立する都会は、「コンクリート・ジャングル」と呼ばれることがある。さすがはジャングル・クローと呼ばれるハシブトガラス。都会をジャングルに見立てて暮らしているのである。

一方、ハシボソガラスは、「権兵衛が種蒔きゃカラスがほじくる式」でノコノコ歩いて食べ物を探す。そんな食べ物のとり方が、東京の大都会でできるわけがない。車は四六時中、

図7　森とビル街の比較図。カラスの位置は同じ（松原、1999aを参考に作成）

通っているし、早朝を除けば人間もたくさん通る。さらに全面的に舗装されているので、隠れている食べ物もない。草原での生き方が、都会では通用しない。だから、東京の都心にはハシボソガラスがほとんどいないのだと考えられている。

江戸時代から続くハシブト優勢

ビル街が森と同じような構造であるから、東京都心にはハシブトガラスだけが棲んでいるという説明には、ちょっと納得がいかないという人もいるだろう。ビル街は、東京以外にもあるからだ。

たしかに、大阪にもビル街があるのにカラスはいない。いったいどうしてなのか。

じつは、東京都心でハシブトガラスが優占しているのは、いまにはじまったことではないらしい。

文献を調べた研究によると、どうも江戸時代中期から東京（当時は江戸）には、すでにハシブトのほうが多かったようなのである（有田、二〇〇三）。明治初期に東京にいたモースの日記に出てくるロウソクを食べるカラス（第二章参照）も、習性から考えてハシブトである可能性が非常に高い。

ビルがまったくない時代でも、ハシブトガラスが優占していたとは不可解である。

有田一郎さんの論文を読むと、同じ江戸でも下町はハシブトガラス、山の手にはハシボソガラスがいて棲み分けていたことが昔の書物からわかるという（有田、二〇〇四）。いまでこそ山の手は住宅街であるが、江戸時代は田畑が広がる農村地帯だったので、ハシボソがいたのは想像するに難しくない。では、下町にハシブトが引き寄せられる理由は何であろうか。

有田さんの仮説では、ゴミの処理システムに理由があるのではないかという。

江戸の下町は当時すでに住宅密集地で、ゴミの処理が問題になっていた。十七世紀前半までは空き地や水路に投棄していたようであるが、人口が増えるにしたがって社会問題に発展。明暦元年（一六五五）に江戸のゴミ処理方法が、ゴミを船積みにして永代島に輸送、埋め立てすることになった。各家で出たゴミは町内ごとに集め、さらに船着き場にいったん仮置きしたという。中小規模にゴミを集めて置くシステムが、ハシブトガラスを呼び寄せたのではないかということである。これは現在の東京のゴミ置き場と同じである。

さて、ここで大阪の話である。ビル街があるのにカラスがいない理由の一つが、じつはゴミなのである。「大阪人はケチだからゴミがない」という冗談があるが、そうではなく、ゴミの収集方法が東京とはちがうのだ。

午前三時ごろ、道頓堀界隈のアーケードを歩いていると、すごいスピードで走ってくるゴミ収集車に出会う。大阪の繁華街ではゴミ収集は夜のうちにおこなう。一度その様子を見に行ったことがあるが、エネルギッシュな収集に驚いた。あっというまにゴミ袋が片づけられてしまうのである。だから、カラスが来る夜明けごろには、まったくゴミがない。いくらビル街があっても食べ物がなければしようがない。だから、大阪の繁華街にはカラスがいないといわれている。ゴミがカラスを呼んでいるのである。

ゴミ袋は「疑似死体」

東京は江戸時代からハシブトガラスの街であったようだが、それでも現在のように万単位のカラスがいたわけではない。二十三区でカラスが目立つようになったのは、一九八〇年代半ばからである。その原因は、とにかく東京がハシブトガラスにとって棲みやすくなったたからだといえる。

本来の住みかである山が開発されたから、しかたなしに都会に出て来たようにいわれることもあるが、そんな消極的な理由ではないだろう。むしろ、東京の都心が好きだから積極的に進出しているのである。「アイラブ東京」なのだ。

では、どんなところが棲みやすいのだろうか。街の構造が森と似ていることは先に書いたが、それ以外にもカラスが気に入ってしまうことがいろいろある。

たとえば、ゴミを袋に入れ一か所に集めて収集するシステムも、ハシブトガラスにとってうれしいことである。

カラスを調べていると、旅先でもゴミ収集システムが気になってついつい見てしまうが、世界の多くの都市ではポリバケツに入れて処理をしていた。世界の主要四十三都市の生ゴミの収集方法について調べた報告を読むと、五八％が頑強な容器であるという。そして、先進国ほど容器に入れてゴミを出しており、発展途上国ではビニール袋が主流だそうだ（峰岸、一九九九）。

東京二十三区内のゴミ処理は二〇〇〇年に区に移管されたが、それ以前は都がおこなっていた。当時の排出方法は容器排出が原則で、例外として単身者など容器排出が困難な者に限り、袋によるゴミ出しも一九八六年から認めたという。しかし、実情としては袋による排出がかなりの割合を占めていた（斉藤、一九九九）。カラスが増えはじめ、ゴミを荒らす問題が顕著になってきたのも、ちょうど同じタイミングである。

むろん袋にゴミを入れるやり方は、なにも東京に限った話ではないので、これだけでカラスが東京が好きになる理由にならないが、なにしろダントツに量が多いのが二十三区である。大量にあるゴミ袋がハシブトを引き寄せたのはまちがいないだろう。

日本野鳥の会研究センター（当時。現・北海道大学）の黒沢令子さんらは「東京におけるハシブトガラスと生ゴミの関係」という調査をおこなっている（黒沢ほか、二〇〇〇）。それによるとハシブトガラスは袋でゴミが出されているところに訪れていた。また、住宅地よりも繁華街のほうを好む。住宅地は生ゴミの収集が週に数日であるのに対し、繁華街は毎日だからだ。

私が住んでいる千葉県柏市には、ハシブトガラスもハシボソガラスもいるが、ゴミ袋をつつくのは一〇〇%ハシブトである。ハシボソが袋をつついているのは一度も見たことがない。札幌や仙台などではゴミ置き場でハシブトとハシボソが混ざってゴミを食べているところを見る。しかし、よく観察してみるとハシボソは周辺に散らばっているものを歩きながらつまんでいるという報告がある（川内、二〇〇三）。

では、どうしてハシブトガラスは袋詰めのゴミがいいのだろうか。

私はゴミ袋から食べ物を取り出すハシブトガラスの様子を見ていると、死んだ動物のお腹から内臓を引き出すところを連想してしまう。街中のあちこちにかたまって置いてあるゴミ袋の山は、ハシブトガラスにとって森に横たわっている中型、もしくは大型の動物の死体と同じではあるまいか。

森の中を広範囲に動きまわり、動物の死体を探し出していたハシブトガラスは、街でも同じように広範囲を探索し、疑似死体ともいうべきゴミ袋を探しているのである。しかも、森の中よりも簡単に発見できるし、食べきれないくらい大量にある。こんな楽な暮らしがあるだろうかと、ハシブトガラスが口をきけたらそういうにちがいない。

ところで、袋詰めのゴミの容姿がなんとなく死体と似ていても、開けてみたら野菜ばっかりではがっかりである。しかし、心配にはおよばない。ちゃんと肉がつまっている。肉を捨てたことがない私は、ちょっと信じられなかったのだが、調べてみるとけっこう肉が捨てられている。とくに飲食店から出されるゴミには多い。高級なステーキ肉がそのままということはさすがにないが、食べ残しや食用にならない部位の肉がごそっと入っていることがある。

当たり前のことだが、焼き肉屋のゴミには肉が多い。カラスはちゃんとそのことを知っていて、銀座の焼き肉屋のゴミはいちばん人気である。

そのつぎに人気なのは、ラーメン屋である。最近ではスープの出汁をどう工夫するかが人気店の勝負なので、豚骨や鶏ガラなどカラスが好きなものを大量使用する。その出がらしをカラスは見逃さない。ゴミ袋は、中身もまさに死体なのである。

直接肉が見あたらなくても、都会のゴミには脂質がたくさん含まれている。この点も脂肪好きのカラスを満足させる。

たとえばマヨネーズ。カラスはマヨネーズがほんとうに好きで、空の容器でもめざとく見つけて持っていく。脂と卵でできているマヨネーズはよだれが出るほどのご馳走なのだ。普通は食べないような野菜でも、マヨネーズがついていると食べてしまう。

二〇〇〇年に食糧庁が発表した栄養の調査によると、日本人の食生活は一九五五年に比べると脂質の割合が三倍にまで増えているそうだ。その分、ゴミにも脂質があふれている。

あまり豊かではなかった時代、日本人の食生活の中心は魚であった。それが少しずつ豊かになり肉をはじめとする脂質の割合が増えていった。現代人の食の好みが、ハシブトガラスの好みと皮肉にも一致してしまったのである。都会人の嗜好の変化が、東京にこれだけカラスを呼び寄せている大きな原因の一つなのはまちがいない。

半透明化、大歓迎！

都心のカラスの数は、バブル期以降のゴミの増加と比例して増えている。ところが、ゴミのほうは、バブルが崩壊した一九九〇年ごろから減少しているにもかかわらず、カラスはますます増えていった。これは、まだまだカラスが食べきれない量が捨てられているからだと考えられている。

二〇〇二年に二十三区内で捨てられた可燃ゴミの量は、年間約一七六万トンであった。そのうちの約三七％が生ゴミであるので、約六五万トンとなる。カラスは一日に一〇〇グラムの食べ物を食べるという研究があり、これを元に単純計算すると、なんと約一億七八〇八万羽は養えることになる。もちろん生ゴミといってもカラスが食べないものもたくさん含まれているだろうから、これは相当オーバーな数字であるが、それでも三万羽のカラスでは食べきれないゴミがあるのはまちがいない。少しくらい減っても影響がないわけだ。

ほかにもゴミが減ってもカラスが減らない理由がある。それはゴミ袋の半透明化である。

半透明のゴミ袋が東京で使われはじめたのは、一九九三年である。

カラスが食べ物を見つけるのは視覚であることは第一章に書いた。半透明の袋は、中身が見える目的でつくられたわけだから、食べ物のありかは一目瞭然である。黒いゴミ袋だったころは、勘に頼って食べ物を探していたため時間がかかったが、半透明化によって探索時間が大幅に軽減され、より多くのカラスがたらふく食べられる状況をつくり出してしまった。半透明化が、ハシブトガラスの都会暮らしをアシストしているのである。

「そんなの嘘よ。カラスは臭いで探しているんじゃないの」という声が聞こえてきそうであるが、カラスは臭いに対しては鈍感なことがわかっている。

カラスの脳の研究では、ニワトリなどに比べ嗅神経の発達が悪く、臭いを感じる中枢の嗅球という部位がとても小さいそうだ（杉田、二〇〇二）。

私は、カラスの大好物の鳥の唐揚げにマヨネーズをかけたものを、半透明のゴミ袋に、見えるように入れた場合と新聞紙に包んで見えないように入れた場合の、二通りの方法で銀座のゴミ置き場に置いて実験をした。その結果、見えないほうはまったくカラスに見つからなかった。マヨネーズの臭いは強烈で私がかいでもわかるくらいだから、臭いで探していたら真っ先に見つけるはずだ。でも、カラスはまったく気がつかなかった。

ところで、半透明の袋はどういう経緯で採用されるようになったかを覚えているだろうか。

従来の中が見えない黒い袋は、可燃物と不燃物が混じったままでもわからない。恐ろしいことに、スプレー缶などの発火の恐れがある危険物が入っていることもあった。

実際に発火物が原因で収集車が火災になる事故が頻発していた。ようするに、ルールが守れない人がいるため、中身が確認できるように半透明の袋が導入されたのである。導入が検討された当初は、中身がもっとよく見えるように透明の袋になる予定であったが、プライバシーの問題で反対意見も多く、折衷案として半透明になった。

つまり、ゴミ出しのルールが守れない人間の存在が、半透明の袋の背景にはある。ルールを守れない人々の生活態度が、ハシブトガラスの都会暮らしをより楽な方向へとアシストしてしまったのである。

2　カラスのアーバンライフ

ハシブトガラスの都会の一日

ハシブトガラスの都会暮らしの実際を見てみよう。

何回も登場していただいている東大の樋口広芳教授の研究室を中心とするグループでは、二〇〇一年の春と秋の二回、上野公園で捕獲したハシブトガラスにPHSを取りつけ、行動を追跡する調査をおこなった（Morishita et al.,2003）。二三羽のカラスにPHSがつけられ、そのうち一八羽の追跡に成功した。

携帯電話の一種であるPHSには、端末の位置をパソコン画面上の地図で知ることができるサービスもある。カラスにそれを利用することで、まるで「007」さながら、研究室のパソコンの地図でカラスの位置がわかっちゃうのだから、すばらしい。これぞ二十一世紀の調査である。

問題は電池の寿命で、カラスは充電に帰ってきてくれないので、長くても二十日間ほどしかもたない。それでも一定期間はカラスの足取りがつかめるのは画期的なことである。というのも、都会のカラスがどの時間にどこにいて、どんな一日を過ごしているのか、それまではまったく不明だったからだ。

追跡の結果はやはり興味深いものであった。カラスの一日の行動は、大まかに定着型と移動型の二通りに分けられることがわかった。

定着型は、ねぐらと朝食を食べる決まった街の往復を繰り返しているだけであった。たとえばナンバー五のカラスは、ねぐらは上野公園で、早朝にアメヤ横町の飲食店街に出かけて朝食をとる。その後は御徒町のビル街を徘徊、早いときは昼ごろ、遅いときは夕方にねぐらの上野公園に戻ってきた。

定着型のなかには、ある日突然、皇居方面に出張し、そこで一泊。翌日には再び上野公園に戻ってきた冒険心に富んだカラスもいた。

移動型は、さらに二つのタイプに分けられた。一つはある日突然、ねぐらも朝行く場所も変えたタイプ。もう一つは、ねぐらは変えたが、朝行く場所は同じであるタイプである。

ナンバー一七のカラスは前者のタイプで、PHSがつけられた翌日の朝六時まで上野公園にいたが、突然、移動を開始。九時に東墨田、十時に葛飾区青戸、十二時に北小岩に移動。十五時過ぎに千葉県市川市国府台に到着し、ここで眠った。そして、翌日からは基本的には国府台エリアで過ごすようになった。

ナンバー一一のカラスは、最初は上野公園と御徒町の往復だったが、その後昼間は本郷にも行きはじめる。ねぐらも突然、小石川植物園に変えたかと思うと、再び上野公園に戻って眠る。二つのねぐらを適宜利用している後者のタイプである。

これらの調査結果を眺めると、同じ場所で捕まえられたカラスでも、その行動はさまざまで、自由に飛びまわっていることがわかる。

移動型のカラスは、秋に多く見られたという。ちなみに、追跡したカラスはすべて子育てをしていない若い鳥である。若いカラスは秋にはまだ居住地が定まっておらず、あちこちに出かけて住みかを探しているのだろう。

こんな具合に都会の若者ガラスの行動はなんとなくわかってきた。しかし、子育てをしている大人のカラスの一日はわかっていない。なぜなら、大人のカラスが捕まらないからである。なんとか捕獲方法を確立して謎を解明してもらいたい。

樹木がないと困る

二十一世紀のハイテク調査であるＰＨＳ追跡は、研究室にいながらにしてカラスの居場所がわかるすぐれものだったが、物好きな私は研究者の森下英美子さんといっしょにわざわざ現場に赴き、ＰＨＳカラスを追いかけてみたことがある。ノートパソコンの画面を見ながら街中を歩く二人は明らかに怪しい。映画の探偵のようにかっこよくはいかないのである。しかし、文明の利器はたいしたもので、ほとんどの場所でＰＨＳカラスを見つけることができた。

カラスの追っかけをしていて気がついたのは、食べ物をとる以外の時間は、公園や墓地などの樹木が多い場所にいることである。

追跡調査した場所以外でも、日中にカラスを見るところはたいていい木がはえている。先日、新宿に行ったときも、駅方面から歩いていると大緑地である新宿御苑に近づくにしたがってカラスの姿が目につくようになった。都会のカラスは、ゴミを食べるところばかりが印象にあるため、樹木との関連はあまり意識されないが、樹木とハシブトガラスとは、強い結びつきがある。

東京の大緑地でハシブトガラスの分布を調べた研究では、樹木が多くある場所ほどカラスが多くいる傾向が見られ、日中の生活場所として樹木がカラスにとっていかに重要であるか示唆されたという（Katoh & Nakamura,2003）。印象だけでなく科学的にも樹木とハシブトガラスの関連性は示されている。

東京には意外と緑が多い。五〇ヘクタール以上ある緑地が、二十三区内に一〇か所以上もある。

新宿の超高層ビルの展望室から東京の街並みを眺めると、灰色のビル街のなかに緑の島のように見える大緑地が点在しているのが見える。この大緑地の存在が、これだけたくさんのハシブトガラスの生息を可能にしたのはまちがいない。

いくら都市環境に適応したといっても、やはり「森のカラス」である。木がないと生きられないのだ。

緑豊かな都市、東京。これがハシブトガラスが東京を愛するもう一つの理由である。

街路樹での子育て

カラスにとって樹木はもう一つ大切な役割がある。それは巣をかける場所である。

都市に適応したのだから、ビルの屋上にある看板の裏なんかに巣をつくればいいと思うが、あまり気が向かないみたいだ。もちろん看板の裏や送電線の鉄塔、電柱、照明灯などに巣をつくるカラスもいるが、圧倒的に樹木のほうが好まれる。

大阪府でおこなわれた研究では、ハシブトガラスは常緑樹に九二%、落葉樹に三%、人工物に五%の割合で巣があった（中村、二〇〇〇）というから、やはり圧倒的に樹木がいいのである。

また、木ならば何でもいいというわけではない。まず、高さは最低でも一〇メートルはほしい。それより高ければもっといい。高ければ敵が巣に接近する危険性が減る。あとは巣が見えないこと、とくに上からのぞかれないことが重要である。カラスの巣は皿形なので、上からは卵やヒナが丸見えになる。だから巣の上を覆いかぶさるように葉が茂るその下の位置に巣をつくる。巣がかくれることが大切なのだ。

東京で人気があるのがスダジイとクスノキである。こんもり葉が茂った大木があると、都心ではたいていカラスの巣が見つかる。たとえば、渋谷ハチ公前のクスノキにもハシブトガラスが毎年のように巣をつくる（写真11）。常緑樹であるスダジイやクスノキは、一年中、葉が茂っており、巣が見えにくい。さらに背も高くなるので向いているのだろう。

写真11　ハチ公前のクスノキ。×印のところに巣がある

　クリスマスツリーのようなヒマラヤスギもカラスがよく巣をつくる。この木も枝が混んでいるため巣が見えにくい。あまりにもよく見えないので、巣を探すのに手こずるくらいである。ただし、物件数はあまり多くない。

　落葉樹であるがイチョウとケヤキにも巣がある。とても大きくなるので、高さとしては申し分ない。さらにイチョウは街路樹でいちばん数が多く、しかも枝が放射状に張り出しているので、巣がかけやすいというメリットもある。しかし、両種とも巣をつくる三月末ごろにはまだ葉が出ておらず、巣が丸見えになってしまう。この点からいうと、クスノキなどよりも欠陥住宅である。渋谷ハチ公前のカラスは、最初はかならずクスノキに巣をつ

くるが、人に巣を壊されるとケヤキに引っ越すことから、選択順位がうかがい知れる。ただし、卵を産むころには葉が茂りはじめ、巣はやがて見えなくなるから問題ない。

おそらくカラスがあまり多くなかった時代は、大緑地の大木に巣をかけていたのだろう。

カラスが増えはじめると大緑地だけでは、営巣地が足りなくなる。するとカラスたちは街にあふれはじめる。あふれたカラスは、中小規模の公園や住宅地の屋敷林、マンションの緑地、そして街路樹など、少しでも大きな木があるところならば、巣をつくるようになった。

私が調べていた渋谷では、街路樹に巣があるケースが多かった。図8は一九九七年に渋谷周辺で街路樹にハシブトガラスの巣があった場所である。いずれもカラスが子育てをしていた現役の巣だ。街路樹にこれだけハシブトガラスの巣があるのである。

有名な表参道のケヤキ並木にもカラスの巣がいくつもあったのは驚いた。もちろん道行く人々は誰一人として気がつかない。葉が茂る前はけっこう目立つのだが、人々の意識の外にあるので気がつかないのである。都会人のこの無関心さもカラスにとっては好都合なのであろう。

表参道の並木道をビルの屋上から眺めると、まるで細長い森のようであった。しかも都心部の最大のねぐらである明治神宮につながっている森である。まさに緑の回廊といったとこ

図8　渋谷駅周辺のカラスの巣。網掛け部分が調査範囲

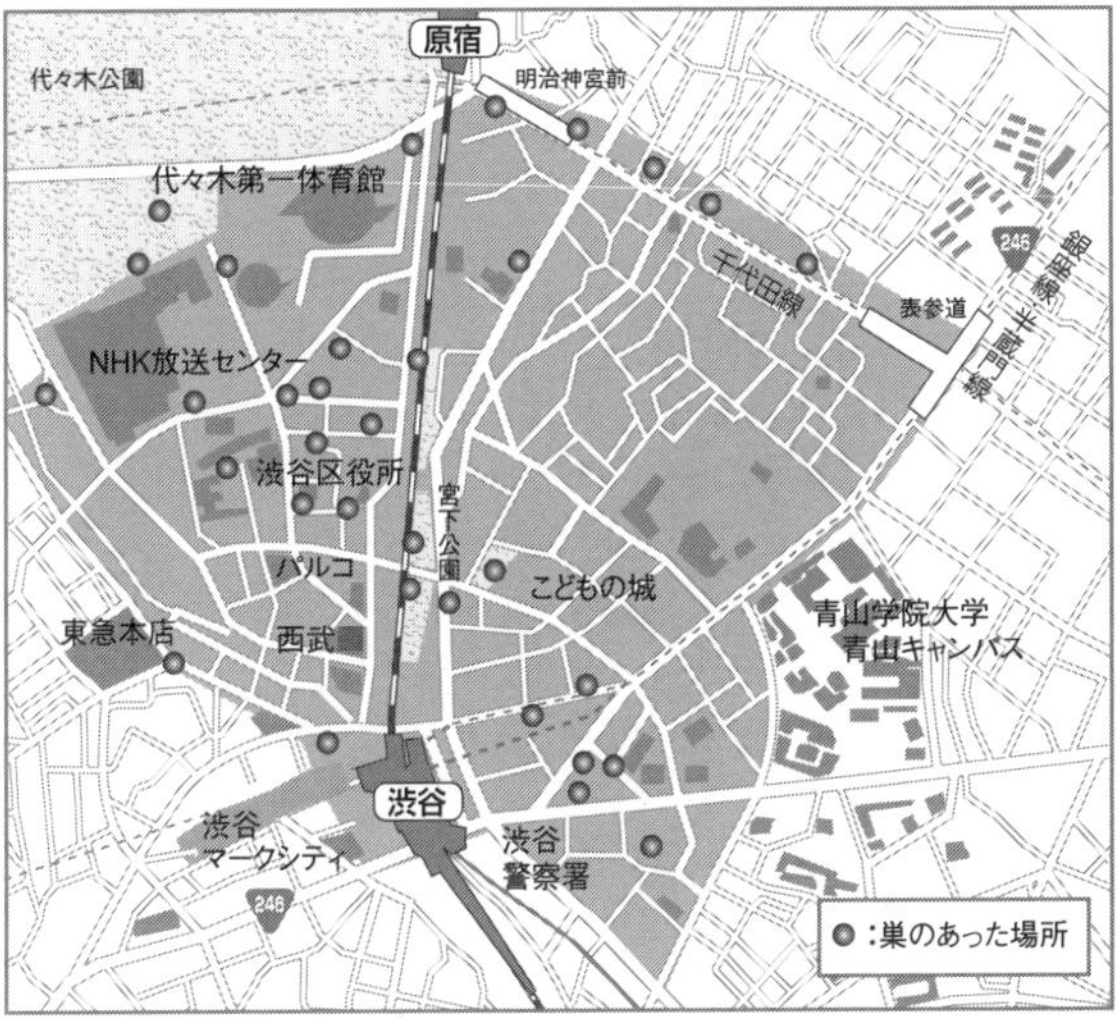

ろであろうか。

東京では戦後、街路樹がどんどん植えられ、二〇〇四年四月現在、東京都全体で約四七万七〇〇〇本にもなっている。しかも木は生長して大きくなっている。

私は街路樹がどのくらい大きくなっているか、NHKに残されていた一九七三年の表参道のケヤキ並木の映像と二〇〇一年の映像と比べてみたことがある。一九七三年の街路樹は小さく枝も張っていないので表参道の道路がよく見える。ところが二〇〇一年には道路がまったく見えないほど生長していた。カラスの営巣木としての条件を満たしている木が年々増えているのである。

戦後、私たちは快適さを求め、緑を積極的に増やしてきた。街路樹もその一環である。殺伐とした都会で、緑は人々に安らぎを与え心を癒す。これがカラスという招かざる客を呼び寄せてしまうことになるとは、誰も夢にも思わなかったにちがいない。

東京の緑はさらに増えることが二〇〇六年十二月十九日付の「東京新聞」でわかった。記事によると石原都知事は、二〇一六年までに東京都内の街路樹を一〇〇〇万本にし、新たな緑地を整備して一〇〇〇ヘクタールの緑を増やすという。カラスを目の敵にしてきた知事は、「敵」に塩を送ることになることを知っているのだろうか。森のカラスはますます暮らしやすくなりそうである。

職住近接、でも「ウサギ小屋」

私はサラリーマン時代には電車で一時間かけて職場に通っていた。毎朝、満員電車に揺られての通勤は苦痛以外のなにものでもない。職場と住居が近かったらいいなあ、とつくづく思った。

都会に棲むハシブトガラスは、うらやましいことに職住近接を実現している。カラスの仕事は食べ物探しだが、ゴミは街にあふれているので、巣のすぐ近くでまかなうことができる。問題は、朝しか食べ物がないことだが、ここで第二章で紹介した貯食行動が威力を発揮する。ありあまる食べ物をビルの看板の裏や建物の隙間などにたくさん貯えているので、一日中餌をほしがるヒナのお腹を満たすことができるのだ。

こんな理想的な暮らしができるのだから、カラスがどんどん都会に棲みはじめるのも無理はない。それと同時に、巣立った子どもたちも都会から離れることはしない。だからますます過密になる。

そうなると営巣場所がいよいよ少なくなる。その影響のためだと思うが、カラスの数がもっとも多かったと思われる二〇〇〇年ごろから、いい物件とはとても思えない場所でも巣をつくりはじめた。ビルの緑化のために植えた小さな木の高さ三メートルくらいのところにも巣があるのである。また隣の巣と三〇メートルも離れていない巣もある。普通ならば最低でも半径一〇〇メートルほどの縄張りを構えるのだが、都会では縄張りがとても狭い例が多い。

縄張りとは、同種のカラスから防衛する範囲のことである。だから、必然的に敵を見つけてスクランブルできる範囲となる。ところが、都会ではビルがじゃまして敵を見つけられる範囲がとても狭いため、どうしても縄張りが狭くなる。カラスの世界も、都会での住居はウサギ小屋なのである。逆にいえば、都市の構造がカラスの人口過密を可能にしているともいえる。

ゴミという豊かな食べ物があるが、住居はウサギ小屋のように狭い。これは何だか聞いたことがある話である。そう、私たち人間と同じである。カラスと人間は、ほんとうに何から何まで似ている。

私たちの都会暮らしもいいことばかりでないのと同じように、カラスの場合もいいことずくめではない。そのしわ寄せは子どもたちにあらわれている。

それはハシブトガラス独特の巣立ちのときに起こる。

ハシブトガラスのヒナは、ほとんど飛べないうちに巣立ちをする。じつは、カラスに限らず森で繁殖する鳥にこのような巣立ちをするものが多い。ヒナは成長するにしたがい、餌ねだりのために大きな声を発するようになる。そんなヒナは、巣にとどまっているとかえって天敵に居場所を知られてしまう危険性が増す。だから、一刻も早く巣から離れたほうが安全なのだ。

好都合なことに木々が生い茂る森の中は枝が込み入っているので、飛べなくても枝移りさえできれば移動できる。万が一、落下したとしても、藪があるので死ぬことはない。しかし、それが街路樹だったらどうなるか。

最悪の場合は交通事故である。街路樹は上のほうは森と同じでも、下は森ではない。車がビュンビュン通り、人が行き交う。せっかく巣立ちをしたのに、車にひかれて死んでしまうヒナも多くいる。そうでなくても人と接近してしまい、ヒナを守ろうと親ガラスが通行人を攻撃することが起きる。また、ヒナが巣から落ちたと勘ちがいして心優しい人に誘拐されてしまう悲劇も起こる。

街路樹は森のようであるが、本物の森と同じではない。あくまでも擬似的な森でしかない。頭のいいカラスも、そこまでは見抜けなかったのである。

人間の理想的な環境は……

カラスが東京を気に入る理由をいろいろ見てきたが、調べれば調べるほど、東京がハシブトガラスのためにできた街ではないかという思いを強くする。

- 狭い土地を高度に利用する高層化
- 簡易なゴミ袋による収集システム
- 脂質を多くとる現代人の食習慣

●快適な環境を求めておこなわれてきた公園や街路樹などの緑化事業

いずれも私たち人間が理想的な環境をめざしてつくり上げてきたことばかりである。それが、偶然にも森のカラスであるハシブトガラスの習性にことごとく一致してしまった。

また、社会のルールを守らない人の存在というのも大きい。人の迷惑も考えず自分勝手に生きる都会人のライフスタイルもハシブトガラスの暮らしを後押ししている。東京にカラスが多いのは、きまりが守れないルーズな人間が東京にたくさんいるからだ、といったらいいすぎだろうか。

私たちは、何から何まで知らずしらずにしてハシブトガラスが東京が好きになるようにふるまっていたのである。まるでカラスの思惑にはまったかのように……。

第5章

カラスと暮らす

1　カラスと人の知恵比べ

都会暮らしの常識として

ここまで私は、カラス側からの視点に立ち、「カラスの常識」を書いてきた。おそらく少しはカラスの事情もわかっていただけたのではないかと思っている。

しかし、そんなカラスの事情がわかったとしても、やはりゴミを荒らされては困るし、ましてや人の生命にかかわることとなれば、だまって見過ごすことはできない。なんとかうまい解決方法を見つける必要がある。

カラスがいなくなれば、問題が解決するという意見もある。たしかにそうだ。しかし、これができない。

あまり知られていない事実だが、カラスは毎年、ずいぶん殺されている。環境省の鳥獣関係統計によると、狩猟と有害鳥獣駆除で、毎年約四〇万から四五万羽が捕殺されている。日本中にいったい何羽のカラスがいるのか、皆目見当がつかないが、東京都心部のカラスが三万羽という話から考えると、四〇万羽というのはけっこうな数である（ちなみに、ここでいうカラスはハシブトもハシボソもミヤマもまぜこぜになっている）。

それなのに、カラスの数が減っているという実感があまりない。おそらく、殺される数以上にカラスは毎年、子どもをつくっているのだろう。ようするに、生きやすい環境があるかぎり、殺しても減らないのである。だから、カラスと共存する道を探らなければ、私たちも不幸だし、カラスも不幸である。

これまで都会人は、生活のなかでカラスのことをあまり意識してこなかったように思う。むしろ無視してきたといってもいい。その結果がこうである。都会人の無意識がカラスの東京暮らしを確実にサポートしてきたのである。ということは、逆にカラスを意識すれば、解決の道が開けるのではないだろうか。

私たちは意識的に、「カラスの常識」を知ろうとする必要がある。山ではクマの知識が必要なように、都会で暮らす日本人には、カラスの知識が必要なのである。それが、都会暮らしの常識というわけだ。

実際に、カラスの知識は必要とされている実感が私にはある。というのも、私の管理する「カラス研究室」というホームページは、二〇〇二年の開設以来、四年間で六〇万ものアクセスがあった。それだけカラスの知識を必要としている人がたくさんいることの証なのだろう。

想定外のことが起こると腹が立つ。そんなはずではなかったのに、何でこうなるの、と思う。カラスの迷惑とはそんなものである。カラスの事情を知っていれば、腹が立つことも少なくなるだろう。

カラスが頭がいいといっても、いくらなんでも私たちの頭脳にはかなわない。だからこそ、知恵をしぼってカラスとの共存の道を探らねばならないのである。

引き起こされる深刻な事故

カラスが起こす困った問題は、ゴミ荒らしや人への攻撃などがよくいわれるが、怒られる覚悟で極論してしまえば、これらは私たちの生活にそれほど深刻なダメージを与えるわけではない。しかし、カラスの問題行動は、人の生命や財産に損害を与えることがある。まあ、これにしてもカラスには悪気がないのでいたいしかたないのだが、ことが重大であるだけに

「大目に見てやってください」とは、いくらカラスの弁護をしている私でもいえない。

たとえば、航空機へのバードストライク（飛行中の鳥の衝突）はかなり重大な問題である。日本では幸い鳥の衝突が原因の大事故は発生していないが、アメリカでは旅客機が墜落し全員死亡という痛ましい事故が起こっている。

バードストライクはカラスに限った話ではないが、それでも上位一〇位内にカラスが入っている。とくに、埋め立て地の空港は、近くにゴミ最終処分場があることがあり、そうすると空港にカラスが集まりやすくなってしまうのだそうだ（樋口・森下、二〇〇〇）。

日本では年間一〇〇〇件ほどのバードストライクが起こっているといわれ、その被害額は数億円にものぼるという。空港や航空会社では航空機に鳥が近づかないようにさまざまな対策をとっているが、これといった決定打はない。しかし、カラスの場合は、集まりやすい状況をつくらなければ解決できるとされる。

カラスが原因の停電事故も深刻である。とくに送電線をショートさせる事故は、都市のライフラインであるため、多大な損害を与える。現代はコンピュータ社会のため、たった一秒送電が止まっても、被害金額は一瞬で億単位になると電力会社の人はいう。

送電線の停電の原因は、落雷がもっとも多いのだが、カラスはなんと第二位であるというから驚きだ。カラスの仕業だからと笑っていられない。

カラスが新幹線を止めてしまうこともある。架線柱にカラスが巣をつくり、巣材や自分の体が電線に触れてショートさせてしまうのだ。かわいそうにカラスは黒こげとなってしまうが、人間のほうも何時間も電車が不通になり、その被害も甚大である。

送電線も新幹線も、停電の原因はカラスの繁殖に関係しているので、施設にカラスが巣をつくらないようにするしか方法がない。電力会社は、カラス対策のために年間数億の金額を費やしている。

また、都市部に住んでいるとあまり気がつかないかもしれないが、カラスの行動で日本人におそらくいちばん迷惑をかけているのが、農作物の食い荒らしであろう。

農作物の食い荒らしは経済的な被害をもたらす。二〇〇四年農林水産省の統計によると、カラスによる被害金額は約三十五億四千万円で、これは鳥のなかで堂々の一位である。とくに果樹の被害金額が二十億円と多い。これは果樹を好むハシブトガラスが、高価な果物を食べたためだろう。

農作物への被害対策は、案山子から薬品、有害鳥獣駆除まであらゆる方法がこれまで試されてきたが、決定打はないのが実情である。とくにカラスの場合は、高い学習能力のために忌避が長続きしない特徴がある。根気よくさまざまな方法で取り組むしかないといわれている。

鳥インフルエンザ騒動

カラスが原因で生命にかかわることというと、鳥インフルエンザを思い出す人もいるかもしれないので、少し触れておきたい。

二〇〇四年一月に発生した高病原性鳥インフルエンザの騒動は記憶に新しい。山口県の養鶏場でニワトリが鳥インフルエンザに感染し大量に死亡したあと、大分や京都の養鶏場でも発生。京都の場合は、鳥インフルエンザでカラスまで死んだので大騒動となった。

このときは、カラスが鳥インフルエンザウィルスを運んでいるかもしれないと疑われたが、病気で死んだニワトリを食べたために感染したことがわかり、疑いは晴れた。また、カラスからカラスへの感染も心配されたが、それもなく数羽が死んだだけで終わった。ようするにこのケースでは、カラスは犠牲者であり原因というわけではない。養鶏業者が死んだニワトリを放置したため起こったのである。管理のずさんさが招いた結果である。

カラスが関係している人への感染症にはもう一つ西ナイル熱というのがある。一九三〇年代にアフリカで発見されたこの病気は、一九九九年にアメリカではじめて発生し、いまでも拡大している。病原の西ナイルウィルスは鳥にいて、蚊が吸血することによって人に感染する。

なぜかカラスは西ナイルウィルスに弱く、感染すると死んでしまうらしい。カラスの死体を見つけることによって、ウィルスの存在を知ることができるので、死体に注意を払う必要があると関係機関では呼びかけている。もちろん媒介には蚊が必要で、死体から感染することはないそうだ。そうはいってもカラスの死体を素手で不用意にさわるのはよしたほうがいい。

いずれにしても、これらの病気はカラスが媒介にかかわっているわけではない。それなのにカラスがいるだけでウィルスがいると誤解され、近くを飛んだだけで心配する人がいるが杞憂である。元気なカラスは問題ないので、不必要に警戒する必要はない。

ゴミを荒らされないためには

命にかかわる問題については各団体・企業の努力にまかせるほかない。この章では、私たち一人ひとりにできる身近なカラス問題の対策を見ていきたい。

カラスといえばゴミである。おそらくカラスの身近な迷惑第一位はゴミ荒らしであろう。NHKの番組「ご近所の底力」では、カラスのゴミ問題をすでに二回も取り上げているくらいだから、とにかく日本中のご近所が困っているにちがいない。

では、どうしたらゴミが荒らされないようになるのか。

カラスにゴミを荒らされないようにするいちばんいい方法は、食べ物となるゴミを置かないことである。リサイクルを徹底してゴミの減量に努め、ゴミがなくなればカラスは来ない。「当たり前だ！」とつっこみを入れられそうだが、これがいちばん確実な方法である。

しかし、いうまでもなくこの方法は現実的ではない。そこで考えられる現実的な対策は、大きく分けて二つある。

一つは、カラスにゴミをとられないようにする方法である。物理的にカラスがゴミに触れないようにしたり、警戒する物を置いて近寄らないようにする方法である。カラスネットやCDをぶら下げる方法がこれにあたる。

二つめは、カラスにゴミが見つからないようにする方法である。ゴミがあってもカラスに見つからなければ荒らされないし、袋の中の食べ物が見えなければカラスは来ない。具体的には、カラスの活動時間外にゴミを置いたり、特殊な袋を使って中身が見えないようにする方法である。

ネットやポリ容器の効果

それでは、具体的な方法について効果や問題点を見ていこう。

一つめは、カラスにとられないようにする方法。

ゴミ置き場にカラスが警戒しそうな物を設置する方法をとる人もいるようだが、効果はあまりない。よくあるのがＣＤだが、設置初期は効果があっても、あっというまに効かなくなる。カラスは、こけおどしであることをすぐに悟るのだ。目玉模様、磁石などいずれも効果は期待できない。

また、カラスの嫌いなにおいをまくという方法は、嗅覚の鈍いカラスにはまったく効かない。

一方、テグスは一定の効果があるようだ。カラスは翼が物と接触することを非常に怖がるからである。ただし、テグスを張り巡らすと美観の問題があるし、密に張りすぎると人間も不便になるところが難点である。

理由はよくわからないが、カラスの死体をぶら下げるのも効果があるといわれる。偽物は持続性が弱く、本物がいいというのもおもしろい。でも、カラスの死体が町中にぶら下がっているのは、別の問題があるだろう。

カラスが逃げ出す音声を流すという方法もあるが、これはやってみればわかるが、うるさくてしかたがない。カラス問題よりも騒音問題になりかねない。カラスに聞こえて人間には聞こえない音声というのがあれば理想的だが、残念ながらカラスの可聴領域と人の可聴領域はだいたい同じなのでちょっと無理だろう。

もっとも単純だが確実性があるのは、「カラス除けネット」とか「防鳥ネット」と呼ばれるネットである。じつは、これがいちばんいい方法だと私は思っている。

埼玉県内の市町村におこなったカラス被害発生状況のアンケート結果では、二〇〇四年度にゴミ荒らしの苦情件数が一三二五件であったのが、二〇〇五年度には四三四件と激減している。これは住宅地のカラス除けネットが普及し、効果があがっていることをあらわしている。また、被害があった四三三か所のゴミ置き場のうち、三八九か所（九〇％）がネットなどの対策をこうじていないところだった。いかにネットが効果的かを示しているといえよう。

ただし、きちんと使わなければ効果は著しく落ちる。ネットからゴミがはみ出していることがよくあるが、これでは効果がないのは当たり前だ。カラス除けネットの問題点は、ネットが軽いとカラスがめくってしまうことや、網の目が大きいとすきまからつつかれてしまうこと、ネコには効果がないことなどである。これらも欠点を改良した商品（錘つきのものや目の細かいものなど）を使ったり、使用法をきちんとすれば解決できる。

かご状タイプのものもある。これはネットを大がかりにしたようなものである。写真12は品川区で導入された折りたたみ式のかごである。（二〇〇六年現在）ネットよりも確実に遮断できるので効果は抜群であるが、値段が高い、設置場所が必要、時間外に勝手にゴミを入れられゴミ箱化してしまうなどの問題点がある。

ポリ容器もやはりカラスが手出しできないので効果がある。しかし、汚くなると洗わなければならないし、ふたがなくなってしまったりとメンテナンスに手間がかかるので、最近では敬遠されているようだ。

ポリ容器にはこんなエピソードがある。

それは二〇〇三年十一月八日に日本野鳥の会東京支部・(財) 日本野鳥の会の主催でおこなわれた「カラスフォーラム二〇〇三」で聞いた新宿清掃事務所の方のお話だ。

西新宿は飲食店が多いためカラスが多く、どれだけゴミが荒らされているかを調査してみた。カラス自体はネットを張ればすぐに防げることを確認した。

写真12　品川区に置かれている折りたたみ式のかご

しかし、もう一つ別の問題があることに気がついた。それはホームレスである。話によるとホームレスは、食べ物を探すときに袋をさかさまにして中身を出してしまうのだそうだ。それがポリ容器だとあまり散らかさないことに気がつき、ポリ容器に変更してもらうように店に出向いてお願いをはじめた。

ところが、ここで障害が発生。ゴミの出し方を変えてもらうには、店員では権限がないのでだめなのだという。店長も雇われ店長なので同じである。そこで、オーナーに直接お願いする作戦に変更した。オーナーは早朝に店へ来ないので、どんな状況になっているかを知らない。説明のときには、自分の店の前が早朝どういう惨状になっているかを写した写真と、ポリ容器によってきれいになった場所の写真を持って具体的に交渉したそうである。ここまでやらなければならないとは、現場の方のご苦労にはほんとうに頭が下がる。

ゴミを見えなくする

つぎに、カラスに見つからないようにする方法を見てみよう。これはどれもが非常に効果がある。ただし広範囲で実行しなければならないし、費用もかかる場合が多く、相当な覚悟が必要だ。カラスにそこまで本気になれるかどうかである。

話題の黄色いゴミ袋は、このカテゴリーに入る。

カラスを含む鳥類は、じつは私たちと同じような世界を見ているわけではない。人は三種類の光の波長を感じる細胞が目にあって、組み合わせることによってさまざまな色に見える。鳥の場合はそれが四種類ある。もっと具体的にいえば、紫外線領域まで見えており、人が感じることができない波長も利用している。黄色いゴミ袋には、近紫外線を遮断する顔料が含まれている。そのため、おかしな色を見ていることになり、だから袋の中に大好きなマヨネーズがあってもわからないのである。

特殊な顔料の黄色い袋は、東京杉並区や大分県臼杵市で試され、効果があるといわれているが、値段が高いのが欠点である。二〇〇七年現在、杉並区では販売されており、四五リットルタイプ十枚入りで二百五十円だそうだ。これは東京二十三区推奨のゴミ袋の一・五倍である。

高価なゴミ袋を使用しなくても、同じような効果を期待できる簡便な方法がある。それは新聞紙などで生ゴミをくるむというやり方である。「なんだ」といわれそうだが、これが効く。いくら目がよいカラスでも新聞紙を透視できないからだ。実際に、札幌の一部地域では実行されていてカラスが来なくなったという（ただし、これは中身が見えるようにした半透明のゴミ袋に逆行する行為である。二十三区のホームページを見ると、カラス対策の方法としてこの方法が勧められているから問題ないのだろうが、こうなってくるとわけがわからない）。

特殊な黄色い袋も新聞紙も、永遠に効果が持続するかというと疑問である。

紙袋の時代も、カラスにゴミをつつかれていた。それは、中身が見えなくても、たとえば、ネコが臭いで食べ物を探し出し袋を開けてしまうと、カラスの知るところとなるからである。すると、カラスは紙袋の中には食べ物があることを学習して、破くようになる。だから黄色い袋も新聞紙包みも、もしネコなどによってカラスにばれてしまったら、効果がなくなる可能性がある。

二〇〇六年末の情報では、黄色いゴミ袋がカラスに破かれたという。カラス恐るべし、である。

収集の時間や方法の工夫

ゴミの収集時間を工夫するのも著しい効果がある。カラスが食べ物を探すのが日中であるから、その時間にゴミがなければいいのだ。カラス対策ではないが、大阪や福岡などでは夜間にゴミを収集しているため、カラス被害はあまりない。

東京でも夜間収集が三鷹や自由が丘、銀座、西荻窪などで自治体や民間業者によって実施された。しかし、銀座などの繁華街ではすべての飲食店が参加していない事情もあって、効果はあまり見られない。

収集方法を戸別収集に変更するのも効果がある。東京・日野市では、大型のダストボックスを使用していたが、常時ゴミ箱化してゴミがあふれていた。これがカラスを呼び、ゴミ荒らしの被害を発生させていた。そこで日野市が思い切って戸別収集に変更したところ、カラスは来なくなったうえ、ゴミの減量にもつながったという。ハシブトガラスは、第四章の江戸時代のところで考察したように、袋に入れられたゴミが適当な規模で集めて置いてあるのがいちばん利用しやすい。だから、集めて置かない戸別収集に効果がある。

戸別収集は北区や品川区の一部地域、文京区や台東区の繁華街の一部で実施されているという（東京都環境局、二〇〇二）。

夜間収集や戸別収集は、とても効果的な方法である反面、非常にコストが高くつくデメリットがある。戸別収集にあたる作業員の負担も大きい。そこまで深刻な問題なのかどうか、天秤にかけないと決断できない方法である。やはりカラス除けネットぐらいが、バランスがとれているのかもしれない。

人間自身のコントロール

いずれの対策も一長一短がありさまざまな留意点があるが、それ以前に共通するもっと大切なことがある。それはゴミを出すルールを守ることである。じつは、これが最大の秘訣である。

わが家の近所でカラスに荒らされているゴミ置き場は、いつも同じ場所である。独身者が多く住むアパートやマンションの集合型のゴミ置き場で、決められた日以外にゴミが出ていたり、分別がメチャクチャであったり、ネットがあってもかけていなかったり、ルールがまったく守られていないのだ。

決められた日以外にゴミが出ていると、収集される前にカラスに発見される時間が多くなるうえ、食べられる時間も与えてしまう。分別されていないと、不燃ゴミでもカラスを招いてしまう。ネットをかけないのにいたっては、もうカラスを誘っているとしかいいようがない。

カラスによるゴミ荒らしは、人間のゴミ出しのいい加減さをあらわしているとさえいえる。ルーズだからカラスに荒らされるのだ。カラスをコントロールするには、人間をコントロールしなければならないのである。

ところが、集合住宅のゴミ置き場は、複数の人が利用するため、そのコントロールが難しい。人への無関心度が高いといわれる都市部で、カラスのゴミ問題が顕著になるのは、こんな背景がある。

人への攻撃はわが子を守るため

カラスの攻撃は、ゴミについで多い人とのトラブルである。ハシブトガラスは、翼を広げた大きさが一メートルもある大きな鳥だから、体当たりしてきたらなかなか恐ろしい。とくに不意打ちにはドキッとする。私も経験があるが、かなりの衝撃である。

自慢ではないが、私はカラスに何度も攻撃されている。そして、襲われる巣というのが決まっている。その一つに、NHK放送センターの脇にあるマテバシイにつくられた巣がある。

私がご機嫌うかがいをするために双眼鏡で巣をのぞくと、そのたびに親鳥は血相を変えて威嚇しにやって来る。退去命令の警告を発しているのである。だから「ヤバイ、ヤバイ」とほうほうのていで現場を離れるが、まごまごしていると後頭部をがーんと蹴られる。一度など、早足で逃げ出したのだが、通行人が多くてなかなか縄張りから出ることができず、何度も後頭部を蹴られた。それも正確に私だけを攻撃した。たくさん人がいるなかで、自分だけカラスに攻撃されるとほんとうに恥ずかしい。恥ずかしいとだんだん怒りがこみ上げてくる。カラスを何とかしろと苦情電話をかける人の気持ちもわかる気がした。

興味深いことに、人を攻撃するカラスは、ほとんどがハシブトガラスである。ハシボソにも稀に攻撃例があるが、ハシブトとは比べものにならないほど少ない。

カラスが人を攻撃するのは、東京ではほぼ五月中旬から六月末くらいに集中している。ちょうどヒナの巣立ちの時期にあたり、親の警戒心がピークに達するからである。しかし、巣を上からのぞいた場合は、もっと早く、卵の段階でも攻撃されることがある。だからといって、子育て中のカラスがすべて攻撃をするわけではない。犬だって怒らせなければ噛みつかないのと同じで、カラスも怒らせなければ攻撃しない。

「いや、私はまったく身に覚えがないのに、いきなり後頭部を蹴られた」という人もよくいる。しかし、話を詳細に聞いていくと、やはりカラスが気にさわることをしているのである。

では、どんなことがカラスを怒らせるのか。

カラスがいちばん嫌がるのは、巣に関心を示されることである。カラスはヒナをねらわれていると思うのだろうか、巣を見られることをとても嫌う。双眼鏡でのぞくなんてもってのほかだ（だから私は襲われるのである）。

「カラスの巣なんて観察していないよ」という人もいる。むしろ、こちらのほうがずっと多いだろう。そういう人もよくよく状況を分析してみると、巣を見られたとカラスに勘ちがいされるような行動をしているのである。

たとえば、ベランダで布団を干す。ベランダの近くの木に巣があると、軽く外を見ただけでカラスは巣が見られたと勘ちがいする。たとえ巣を見ていなくても、誤解するのである。

こういったケースでは、特定の人だけがねらわれるのが特徴である。カラスに顔を覚えられ、ベランダ以外でも、玄関を一歩外に出たとたん威嚇がはじまり、縄張りから出るまで威嚇や攻撃を受けるようになる。また、繁殖期だけでなく、一年を通じてカラスが威嚇しにくるケースもある。とにかくカラスにとっては危険人物だから近づかないでほしいのだ。

カラスを観察したこともなく、道をただ歩いていただけで攻撃されることがある。こういったケースでは、不特定の人がつぎつぎに襲われる。まるで通り魔である。こんなときは、巣立ちビナが地面にいることが多い。親鳥にとっては緊急事態である。ヒナが人にとられやしないか気が気ではない。親は必死の思いで人をヒナから遠ざけようとする。そこにたまたま通りかかった人が運悪く、親ガラスの攻撃を受けるのである。

念のためにいうと、巣を防衛しているカラスを棒などで振り上げて威嚇すると、逆に攻撃されることがある。まさにけしかけているわけであり、こんなことをして襲われたから何とかしろというのは、あまりにも身勝手な話である。

カラスの攻撃は、マンションのベランダや歩道橋、ビルの屋上など、高いところで起こることが多い。

ビルの屋上やベランダもよく攻撃が起きる。たとえば、ビルの近くの街路樹に巣があると、屋上に出るだけで攻撃される。仕事に疲れて一服しようと屋上に出ると、いきなりうしろからバーンと蹴られるのである。「きょうはいい天気だなあ」なんて景色を眺めても危ない。カラスは、巣を上から見られることを極端に嫌う。巣より高い位置に人が来ることはとても嫌なことなのだ。

カラスの攻撃は、都市ならではの街の構造に原因があるといえる。普通ならばカラスの巣は高い場所にあるので、人との距離がある程度離れており、カラスが攻撃してくることはない。ところが都市では建物が高層化していることが多く、巣と人の距離がどうしても近くなってしまう。これが都市部でカラスの攻撃によるトラブルが多い理由の一つだと考えている。

攻撃の順序

ものには順序があるように、カラスの攻撃にも順序がある。

まず、カラスに危険人物とレッテルを張られた人が縄張りに入ると、カラスは「カアーカアー」と鳴いて警戒する。さらに危険人物が接近すると、カラスは鳴きながら飛びまわり、さらに警戒レベルをあげる。それでも危険人物が接近をやめないと、今度はその近くまで行って「ガァガァガァ」と鳴いて威嚇する。退去命令である。それでも危険人物が巣に近づいて来ると、カラスの夫婦は木の枝を激しくつつきはじめ、葉をむしったりする。いかにもむしゃくしゃした感じである。そして、ついに怒りが頂点に達したのか、人の後頭部に向かってスーッと滑空して、脚を突き出してバーンと蹴る。これが典型的なカラスの攻撃手順である。警告を発し、威嚇しても無視するので、しかたなく実力行使に出たというわけである。

襲われた人はみな「いきなりやられた」というが、実際には何の前触れもなく襲ってくることはない。これだけの前段階があるのである。しかし、都会人はカラスのことなど意識にないので、悲しいかな、いくら警告を発しても気づいてもらえない。

人が「カラスがいきなり襲ってくるのはひどい」と訴えても、カラスにいわせれば、「十分、警告は発した。それを無視したのはあんたのほうだろう」というところだろう。

うしろから頭を蹴る

カラスの攻撃で特徴的なのは、後頭部を蹴ることである。私が攻撃を受けたのも一〇〇％後頭部であった。

一度、カラスはほんとうに後頭部しかねらわないのか、体を張って実験してみたことがある。ビルの屋上でカラスを怒らせて試したのだ。

このカラスは、私がかつて勤めていた会社が入っているビルのすぐ脇の街路樹に巣を構えていた。実験をおこなったのは四月で、まだ卵の段階だった。巣は屋上から見下ろすと中身が丸見えなのだが、少しでも見ようとすると、ものすごい剣幕で親鳥が威嚇しにあらわれる。この習性を利用して実験を試みた。

屋上の縁から巣を見下ろすと、すぐにカラスは、威嚇しに屋上の柵にとまった。そして、じっと私を見ている。その威圧感はなかなかのものだったが、勇気を出してカラスに近づきクルッとうしろを向いた。するとカラスはすかさず後頭部を蹴った。そこで、クルッとカラスのほうに向き直る。するとカラスは一瞬ひるんだようだった。そのままじっとカラスを見続けたが、威嚇の声は発しても、襲ってこようとはしない。そこでまたクルッとうしろを向く。すぐにバーンと後頭部を蹴る。やはりうしろからでないと攻撃しないのである。ちなみにこの様子は、すべてテレビカメラで撮影したが、襲われた瞬間の私の表情が、どうもうれしそうだという理由で、番組には使われずにお蔵入りになってしまった。

私が思うに、カラスはうしろしか攻撃しないのではなく。うしろしか攻撃できないのだろう。カラスにとって人間はとても怖い存在にちがいない。怖くて正面からはとても攻撃できないのだ。だから背後からタッチアンドゴーで攻撃するしか方法がないのだろう。

そういえば、カラスがよっぽどの勇気を発揮して、人を攻撃しているのだなと実感したことがある。それは、カラスの攻撃に困って相談してきた人といっしょに現場に行ったときのことである。現場に着くとすぐに問題のカラスの夫婦が威嚇してきたが、私が傘を持っていたために（これについては後述する）攻撃することができない。しばらく「ガァガァ」鳴いていたと思っていたら、突然二羽のカラスはとっくみ合いの喧嘩をはじめた。夫婦喧嘩である。それもかなり長い時間つかみ合っていた。これは勝手な想像だが、「おまえが行け」「あなたこそ行きなさいよ」とやっているうちに喧嘩になってしまったのだろう。やはり、人間に立ち向かうのはよほどの勇気がいるにちがいないと、このとき思ったのである。

攻撃への対策

カラスの攻撃から身を守る方法を考えてみよう。

歩いていていきなり攻撃される場合は、それを未然に防ぐ方法は残念ながらない。しかしこの場合は、頻繁にやられるわけではないので、それほど深刻な問題にはならない。カラスの攻撃自体よりも怖いのが、二次災害である。

カラスに襲われるとかなり驚くが、パニックになって走って逃げるとほんとうに危ない。慌てて走り出して転んで骨折したという話も聞いたことがあるし、最悪は道路に飛び出して交通事故に遭ってしまうことだ。こんなことを避けるために、冷静になってほしい。カラスがいくら攻撃してきても、それほどのけがをすることはない。後頭部に頭髪がしっかり生えている人はもちろん、そうでない人も帽子さえかぶっていれば大丈夫だ。

一方、同じ場所でしょっちゅう攻撃される場合はひじょうに困るだろう。通勤や買い物などの道で襲われる場合は、コースを変えるのがいちばんである。攻撃の期間は数か月ほどだから、その期間だけちがうコースに変更すればいい。少し面倒くさいかもしれないが、もっとも効果的な方法である。

自宅や会社の前などで攻撃されるケースは、コースを変えることができない。そんな場合は、ステッキや傘を持ち歩き、攻撃場所では後頭部にそれをかざすようにすると、攻撃してこなくなる。

何も持っていない場合、私はてのひらを後頭部にかざすようにしている。それだけで、カラスは攻撃してこない。自分のねらう後頭部に何か障害物があると、恐ろしいのだろう。

攻撃を防ぐ方法のなかには究極ともいえるやり方がある。それは営巣木に登ってしまうのである。そんなことをしたら、かえって火に油を注いでしまうのではないかと思われるかもしれないが、驚いたことに一度そういう目に遭ったカラスは、登った人を見ると逃げ出すようになる。じつは、私は撮影のためにいくつかの営巣木に登っているが、その巣の親は私の姿を見ただけで一目散に逃げ出してしまう。まるで怪物でもあらわれたかのように血相を変えて逃げていくのである。強烈な刺激を与えると、防衛本能よりも危険回避のほうが上まわるのだろう。カラスよりも勇気がある人は試してみてはどうだろうか。

巣の撤去はあくまでも緊急対策

どうしても攻撃がひどい場合は、巣を撤去するという方法もある。ただしこれにはいろいろ注意しなければならないことがある。

まず、巣の撤去は、卵やヒナを捕獲することになるので、「鳥獣の保護及び狩猟の適正化に関する法律」に触れ、都道府県の知事、または市町村長の許可がなければできない。したがって、行政に相談することになる。対応は行政によってまちまちだが、行政側が撤去をしてくれる場合もある。個人で業者に依頼した場合は、三万から五万、ときには十万円ほどの費用がかかると聞く。

また、巣を撤去したからといって、完全に攻撃がなくならない場合もある。卵を産んだばかりの時期に撤去すると、カラスは近くに巣をつくり直してしまう。こうなると結果的に攻撃の期間がいたずらに長くなってしまうので、撤去の時期は慎重に検討しなければならない。そして、これがいちばん重要なのだが、巣の撤去は卵やヒナを殺してしまうことになる。

小学校の校庭にある巣を撤去したときのことである。このケースは巣が歩道橋の脇にあり、歩道橋を児童が通るとカラスに攻撃されるため、撤去要請となった。私が現地に行ったときも、歩道橋を通るとカラスは威嚇をしてきた。児童は、歩道橋が渡れないために交通量の多い道路の横断歩道を渡るしかなく、たいへん危険である。たしかに、これは撤去はやむなしだと思った。

業者によって巣は簡単に壊され、巣立ち間近なヒナ三羽が捕獲された。このときの様子を児童たちも興味深く見ていたが、いちばんの関心事はヒナがどうなるかということだった。そして、ある子が付き添っていた先生にヒナの行く末を質問した。それに対して先生は驚くべき回答した。「業者の人が育ててくれる」といったのである。もちろん先生は、業者によって殺されることは知っている。児童を動揺させないための配慮だったのかもしれないが、私は教育の現場であってはならないことだと思った。どうして、人間の都合で一つの命が失われるという説明をしなかったのだろうか。これでは、あまりにもカラスがかわいそうだ。

業者の方に聞いた話なのだが、撤去を依頼する人のなかには、卵やヒナが殺されるとはまったく思っていない人もいるという。ヒナが殺されることを知ると「かわいそうだから殺さないで、育ててほしい」とさえいう人がいるそうだ。あまりにも身勝手な発想である。

カラスの攻撃はたしかに困ったことであるが、巣の撤去は一つの命を奪うことになることを忘れないでほしい。よっぽどひどい攻撃がなければ、安易な撤去は慎むべきだと私は思う。あくまでも緊急対策なのである。

最後に、攻撃への対処としてもっとも効果的なこと、じつはそれもゴミ対策である。ゴミがあるから、カラスは人のそばに巣をつくり子育てをする。だから、厳重にネットを被せるなどの対策をすればカラスが繁殖しなくなるのである。実際にこの方法で千葉県市川市では効果があったと聞いている。

2　カラスと暮らす賢い方法

五万一一八八羽を捕獲

東京都は二〇〇一年度末より都市部を中心としたカラス対策に取り組んでいる。現在のカラスは多すぎるとする東京都は、カラスの苦情が少なかった一九八五年当時の個体数とされる七〇〇〇羽までカラスを減少させる対策をはじめた。

おもな対策の方法は、トラップによる捕獲、巣の撤去による捕獲、ゴミ対策、エサをやらないなどであるというが、いちばん力を入れているのがトラップによる捕獲である。

トラップ（写真13）は都内の公園などにおよそ一〇〇〜一二〇基が置かれている。二〇〇五年五月の東京都の発表では、トラップによる捕獲実績は四年間で合計五万一一八八羽だという。ずいぶん捕まえたものだ。ちなみに、捕まえられたカラスはどうなるのかという質問が

写真13　東京都が設置したカラス捕獲用トラップ

たまに寄せられるが、もちろん殺される。

東京のカラスは減っている

図9は東京都が発表した生息数の推移グラフである。これによると対策をはじめた二〇〇一年度以降、個体数が減少している。このことから実施者である東京都は効果があらわれはじめたと評価している。なるほど、たしかにカラスは減っているようだ。

ところが、このグラフはいくつかの問題点がある。なかでもいちばんまずいのは、各年の調査方法がちがっており、数字の精度が均一でないことだ。

このグラフの数字は、どこから引用したのか書いていないので明らかではないが、二〇

図9　東京都によるカラス生息数の推移グラフ

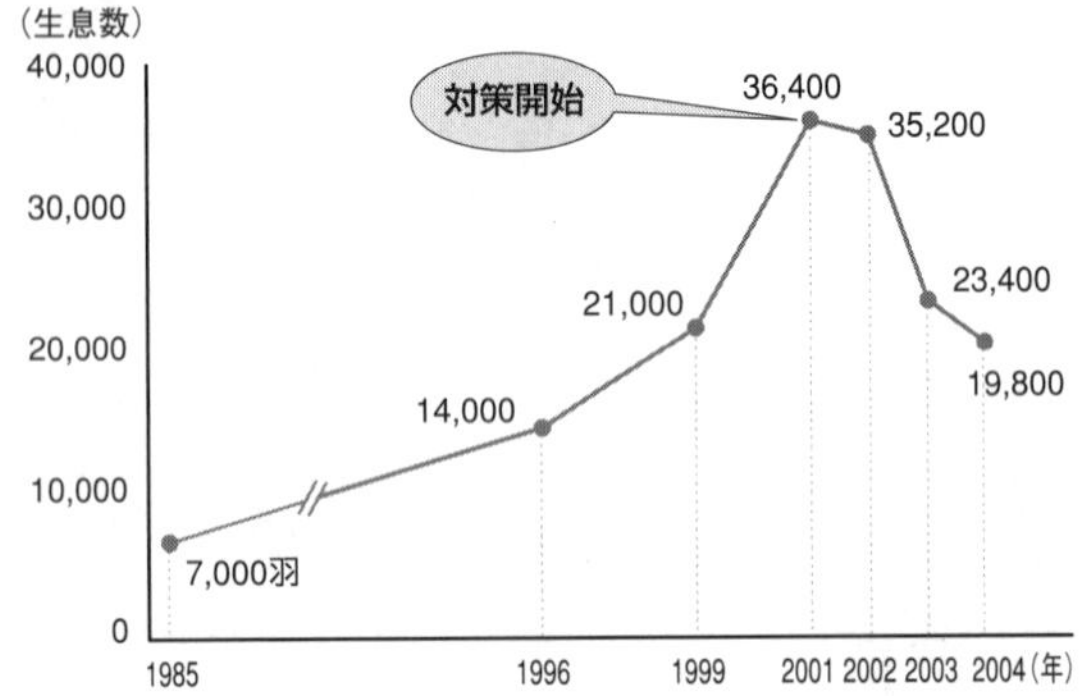

図10　都心部3か所のねぐらの個体数（唐沢・越川、2006）

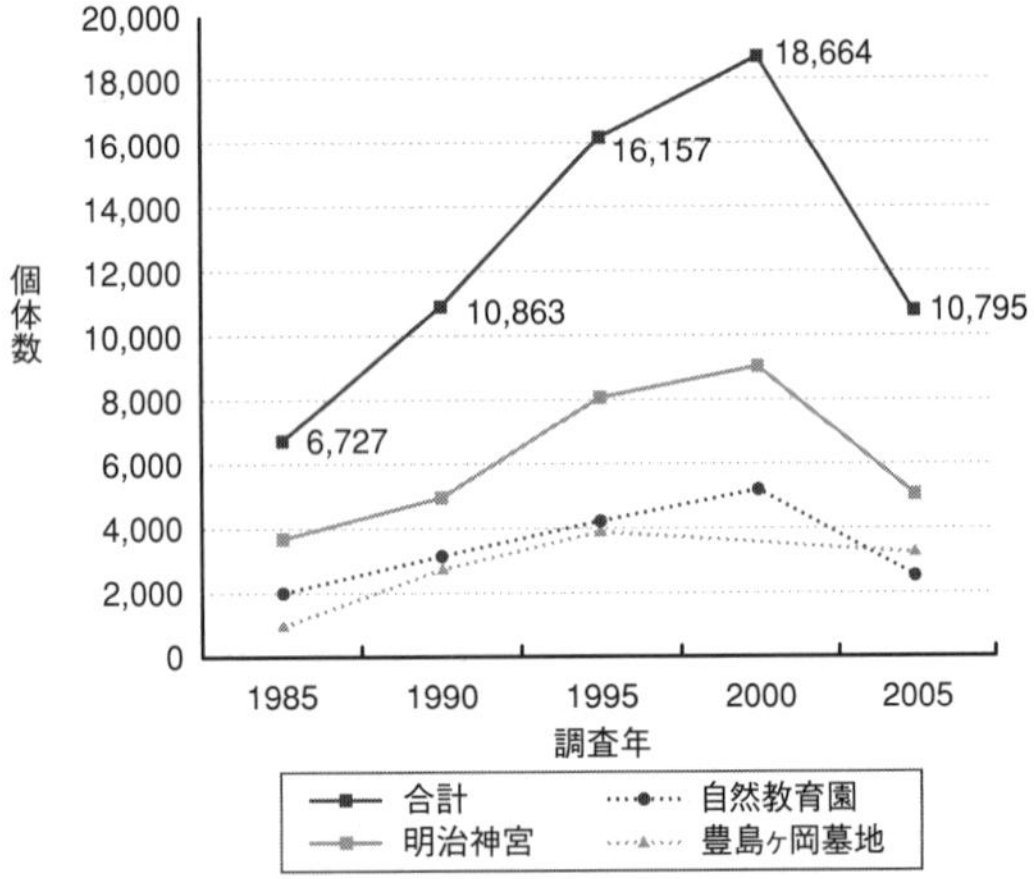

〇〇年までは都が調査をしていないので、おそらく文献によるものであろう。したがって、この数字はおもに都心部の三大ねぐらの個体数である。

二〇〇二年以降は都が調査をした数で、その範囲は三大ねぐらだけではない。多摩地区まで含まれており、調査範囲がちがうのである。いくらなんでも調査範囲のちがう数字をくっつけて一つのグラフにするのは、乱暴であるといわざるをえない。さらに東京都がおこなった調査のなかには、調査時間や人員などの点で不備なものがあったと聞く。そのためであろうか、このグラフが掲載されている報道発表資料には、「調査精度の向上のため前年度の取り組みの経験をふまえ、随時調査方法の改善を図っております」と記載されている。ようするに、調査には問題点があることを認めているのである。これらの事実から、都が発表した資料で、東京のカラスの個体数の増減を検討することはできない。

それでは真実はどうなのであろうか。同じ条件で調べられた個体数の変動を見てみよう。図10は前出した都市鳥研究会がおこなった調査の個体数グラフである。この調査は、二十年間同じ方法で調べている。

グラフを見ると、三大ねぐらの個体数のピークは、二〇〇〇年の一万八六六四羽で、その後の二〇〇五年では一万七九五羽とやはり減っている。二〇〇〇年以降、少なくとも都心部の三大ねぐらの個体数が減っていることは確かなようだ。

捕獲の効果への疑問

都心のカラスが目に見えて減ってきて、音頭をとった石原都知事はほくそ笑んでいるにちがいない。しかし、捕獲がカラスの減少につながったといえるのだろうか。

効果測定のしようがない問題だが、捕獲が少しは減少に貢献した可能性はあっても、もっとほかの要因のほうが大きいように私には思える。

野生動物の数をコントロールするのに、捕獲によってうまくいった例は、海外を含めてほとんどないという（環境省自然保護局、二〇〇二）。生息環境が棲みやすければ、東京近郊から流入する個体がかならずあるし、過密状態のため生息に支障をきたしていたのに、捕獲によってそれを緩和させると、かえって増加することもありうる。にもかかわらず、都心部のカラスが減っていると感じるのはなぜだろうか。

いちばん考えられることは、カラス除けネットの普及の影響である。東京に限らず、街を歩くとずいぶんゴミにネットがかけられているようになった。

ネットの貸与枚数を調べてみると、二〇〇五年五月十日の東京都環境局の発表では、一九九九年では約一万三〇〇〇枚であったが、二〇〇四年十二月の時点で約一二万七〇〇〇枚に拡大している。個人的に業者から購入している人もいるので、普及率は実際にはもっと高いだろう。

これだけゴミにネットがかけられれば、まったく対策がされていない時代に比べ、相当、採食効率が落ちているはずである。食べ物の量が減れば、カラスの生存率はもとより、繁殖率などにも影響があらわれると考えるのが生態学では常識である。

減ったカラスたちはどうしたかといえば、死んでしまったか、どこかに飛んでいってしまったかのいずれかであろう。

まず、トラップにかかって殺された可能性がある。トラップにかかる鳥のほとんどが若鳥である。若鳥は大人の鳥よりも食べ物探しが不得手なので、いちばん先にお腹がすく。さらに、警戒心も比較的弱い。しかし、お腹をすかせた若鳥は、ほうっておいたら死んでいた鳥である。それを税金で殺していたとしたら皮肉な話である。まあ、死体を回収する手間が省けたという考え方ができなくもない。

食べ物を求め、別の場所に飛んでいったカラスもいるはずだ。私が住んでいる千葉県柏市は、東京都心から距離にして二〇キロほどにあるが、二〇〇二年からハシブトガラスが増えてきている。それまで市内ではハシブトガラスが一年中いることはなく、繁殖もしていなかったが、この年から繁殖が見られるようになった。この鳥がどこから来たのか不明だが、タイミング的に都心からカラスが分散してきた可能性が考えられる。都心部が棲みにくくなれば、棲みやすい場所に移動するのは当然である。

つまり、未熟で思慮の浅いカラスは罠にかかって死に、少し賢いカラスはどこかに移住してしまった。そのために、カラスの数が減ったのではないかと考えられるのである。

最大の採食場の変化

ところで、二〇〇五年の都市鳥研究会の調査では、都心三大ねぐらのうち、自然教育園のねぐらの個体数が大きく減少していた（唐沢・越川、二〇〇七）。前回比の五二・八％であるから、半分になっていたということである。とくに自然教育園の東から南方向の流入数が減っていた。「東から南方向」というと、品川駅方面にあたる。したがって、その方面でカラスに関係する何らかの変化があったと考えるのが普通だろう。

じつは、品川駅方面から来るカラスは、自然教育園で眠るカラスだけではない。自然教育園を通過して明治神宮方面へ向かう鳥もいる。ようするに、かなりの数のカラスが品川駅のほうから飛んでくるのである。それが減っているわけだ。

私は、品川駅の先には中央防波堤のゴミ埋め立て地があるので、そこへ行って食べ物を探しているのだと考えていた。しかし中央防波堤では、一九九七年からゴミを焼却して埋め立てているので、カラスの食べ物としては不適である。私も同年に現地で取材したが、カラスはそれほどいなかった。

そこでいろいろ調べてみると、埋め立て地とは別の目的地が浮かび上がってきた。それは東京都中央卸売市場食肉市場である。ここは食用肉を加工するところであり、その工程で発生する残り物を目当てにカラスが集まってくるのである。

国立科学博物館附属自然教育園がおこなったPHS装着による追跡調査結果（国立科学博物館附属自然教育園、二〇〇四）を見ると、カラスの流入数が多い自然教育園より東から南方面へ飛んでいったカラス四三羽のうち二九羽、割合にすると約六七％が食肉市場を利用していた。

インターネットで東京都議会各会計決算特別委員会第三分会速記録第五号を読むと（http://www.gikai.metro.tokyo.jp/gijiroku/kakketsu/d4010111.htm）、二〇〇三年六月の調査では、二日間ののべ数で五二八四羽が数えられている。のべ数なので相当多く見積もられていると思われるが、それでもかなりの数のカラスが飛来していたことは事実であろう。ハシブトガラスがも

写真14　食べ物を求めてやってきた食肉市場のカラス

っとも好む肉が大量にあれば、大挙して押し寄せるのは当然のことである。

ところが、カラスの被害に困っていた食肉市場は、二〇〇三年から、カラスに食べられないように、牛・豚の脂の詰め替え作業時にふたをしたり、廃棄肉用コンテナにカラス対策用囲いを設置するなどの対策や、トラップによる捕獲をおこなった（東京都中央卸売市場、二〇〇六）。

二〇〇七年一月に私は食肉市場へ行ってみた。時間は昼ごろであったが、いくらかカラスが集まっていた。しかし、その数はせいぜい一〇〇羽くらい（写真14）。現場の人にも取材してみたが、カラスは非常に減ったという。

つまり、食肉市場の対策によって、容易に

食べ物が得られなくなったことが、都心部のカラスの減少につながっている可能性がある。

私はねぐらに集まるカラスを見るたびに、いったいこのカラスは昼間どこにいたのだろうかと疑問に思っていた。いくら分散しているからといっても、昼間に住宅地や公園などのカラスを数えても、ねぐらの数にはならないような気がしていたのである。どうやら都心のカラスたちは、私が知らない第一級の採食場に出かけていたのである。そして、その採食場をなくしてしまったことが、都心のカラスの数を減らした原因の一つではあるまいか。

「邪魔者は消せ」という意識

もしもカラスの捕獲に効果があったとしても、私は別の面でとても気になることがある。それは子どもたちの心への影響である。

二〇〇三年の「カラスフォーラム」で板橋区役所の方から聞いた話は深刻である。板橋区内のある小学校では、二〇〇〇年に校庭にあるカラスの巣の撤去をおこなうことになった。そのときの児童たちは、「人間が原因だからカラスを認めよう。ヒナを殺すのはかわいそう」といい、涙したという。

その三年後、二〇〇三年に巣の撤去がおこなわれたときに、子どもたちは「人間に悪いことをするカラスが死んでもしようがない」と答えたそうだ。

また、トラップは子どもたちが遊ぶ公園に置かれている。これも問題である。板橋区では、トラップに入ったカラスを、どうせ殺されるからと、子どもがエアガンで撃って遊んでいたという話がある。

邪魔なやつは死んでもかまわないという風潮は、若者が起こすホームレス殺人と根が同じではないだろうか。子どもたちの心がすさんでいるといわれるが、大人たちのあさはかな行動が子どもたちの心に影響を与えているとしたら、その行為の是非を考え直さなければいけない。カラス問題よりはるかに深刻な問題ではないか。

捕獲には、もう一つ気になる点がある。それはカラスの駆除は、都市の生態系を守るために必要だという理由である。

東京都が設置しているカラストラップには、貼り紙がある。そこには「都市の生態系に悪影響を及ぼしたりする……」と駆除の理由が書いてある。たしかに、カラスはツバメの巣を襲ってヒナを食べてしまったりするなど、都市で繁殖する鳥にとって最大の天敵である。それが増えてしまっては、都市の生態系のバランスが崩れてしまうということだ。

では、理想的な都市の生態系とはどんなものなのだろう。

都市というのは、人間が暮らしやすくするために環境を改変してできた場所である。ようするに、人に都合がよいものばかりで構成された環境なのだ。人が望むものがいて、いては困るものはいない。そうやって都市はできている。

以前、カラスシンポジウムの会場から、「かわいい小鳥をカラスが食べてしまうので、駆除する必要がある」といった意見が出された。これがすべてを物語っている。かわいい小鳥は、自分が好きだからいてほしい。カラスはそれを食べちゃうからいなくなってほしい。これをエゴといわずに何というのであろうか。もっと強い言葉でいえば、「差別」である。

都市に暮らす人々が思い描く理想的な自然をつくるために、カラスがいては困る。だから排除する。これは科学でもなんでもない。

生態系とは望むものではなく、人がつくるものでもない。都市に住むヒトを生態系のなかに含めるとしたら、排出されるゴミを食べるカラスは生態系のりっぱな構成員であるし、ツバメのヒナを食べるのもある意味、都市の生態系としては、きわめて正常なことであると思う。

東京都はカラスの捕獲の必要性に、「生態系への影響を最小限に抑えつつ、カラスの生息数を適切に管理するうえで実効ある成果をあげるためには、捕獲を実施する必要がある」としている（http://www2.kankyo.metro.tokyo.jp/sizen/karasu/basic_policy.htm）。

生態系への影響を最小限に抑えるには、いったい東京のカラスが何羽ならば大丈夫なのか、誰もわからないし、それを導き出すことはほんとうに難しい。後述するが、東京都はカラス対策を立てるのにあたって、プロジェクトチームに専門家を一人も参加させていない。そんな体制で、「カラスの生息数を適切に管理する」ことなどできるはずがない。

そうはいっても、人の出したゴミが原因で増えたカラスが、海岸のコアジサシのコロニーを捕食によって全滅させたり、里山の鳥の卵やヒナを片っ端から食べてしまうのは問題がある。われわれ人間の活動とは関係のない世界で生きている生きものの生活に、人の影響で増えてしまったカラスが問題を起こしているからである。

その点から、私も都市で増えているカラスを何とかしないといけないと思う。

余り物で暮らすスカベンジャーのカラスは、本来、そうたくさんいる鳥ではない。山深い森で何十羽もカラスを見かけることはないのはそのためである。そうたくさんいるはずがない鳥が、たくさんいるのはやはり正常なことではない。

カラスを減らすためには、棲みにくくするのが道理である。いくら捕獲を続けても、暮らしやすければ焼け石に水だからだ。

暮らしにくくするには、いろいろな方法がある。いちばん効果があるのは、樹木をいっさいなくしてしまうことである。木がなければハシブトガラスは暮らせない。しかし、それは不可能だ。

だからである。やはり、食べ物となるゴミを減らすしかないのだ。このことは東京都もよくわかっている。しかし、ちょっとやそっとではできない問題だ。だからゴミ対策もするが、いまはとても緊急性があるので、その効果を加速するために捕獲をおこなっているのだというのが、東京都の説明である。

ようするに、捕獲は補足的なものであるということであるが、それにしては子どもたちの心に悪影響を与えるなど、副作用が大きすぎる。動物の命を奪う捕獲は、もっと慎重に検討されなければならないはずだ。

人のふるまいに翻弄されて

いま、カラスは非常に嫌われているが、かつては神聖な鳥として大切にされてきた歴史もある。たとえば、世界遺産に登録された和歌山県熊野地方の熊野大社（本宮、速玉、那智）では、三本脚のカラス「八咫《やた》ガラス」を神聖な鳥として奉っている。日本サッカー協会のマークでも有名な八咫ガラスは、もともと中国の古典に登場するカラスで、太陽に棲む鳥とされる。また、日本書紀や古事記にも八咫ガラスが登場し、神武天皇が東征する際に道案内をしたという。

そんな神聖な鳥が、いまではゴミの化身のようないわれ方をする。いったいこんなカラスに誰がしたのであろうか。

それは、われわれ人間である。昔から人のそばで暮らしてきたカラスは、良くも悪くも人のふるまいに翻弄されて生きてきた。

ここまで私は、ハシブトガラスはもともともっていた習性を変えることなく、偶然にも都市という環境に適応できたので繁栄したと書いてきた。ところが一つだけ例外がある。それが人慣れである。

都市にいるカラスは、近くを通っても逃げようとせず、一メートルくらいは平気で近づける。しかし、三十年くらい昔は人を見ると逃げていたという。

逃げなくなった原因の一つは、カラスへの給餌の影響が考えられる。カラスにエサをやる人がいるのかと驚く人がいるかもしれないが、けっこういる。とくに公園には多く、大きな公園では毎日エサを与える人が一人はいる。

都心の代表的な公園である日比谷公園で出会ったエサやりおじさんは、カラスのためにドックフードや肉まで用意して通っていた。カラスもそのことをちゃんと学習していて、おじさんがあらわれるとその方向へわれ先にと飛んでいく。

カラスへの給餌はとても楽しい。私も実験のためにエサを与えたことがあるが、心が通じたように思えるのだ。そのため、虜になってしまう人が多いのだろう。

また、ハトやカモにエサを与えることにより、間接的にカラスに給餌していることも多い。ハトやカモのすきを見てエサを失敬していくのである。

このようなエサやり行為が、人間は怖くないとカラスに学習させてしまう。エサをくれるやさしい味方なのだと思ってしまうのだ。

近年、カラス以外にも、イノシシやニホンザルなどの野生動物が人との軋轢を発生させている。調べてみるとその発端には、だいたい給餌が関係している。日光のサル問題も観光客の餌付けがきっかけであるし、六甲山のイノシシも餌付けされていた個体が問題を起こしている。

本来、野生動物は人と距離を置いて暮らしているので軋轢が生じないが、給餌によりその距離が縮まったことで、トラブルへと発展する。カラスの場合も、給餌によって習性を変えてしまったことがトラブルを助長しているのはまちがいない。行政もそのことを重視して、東京都などではカラスやハトへの給餌をやめるように指導している。

もう一つ、人慣れさせてしまった原因に、人がカラスを必要以上に怖がり、追い払わなくなったことが考えられる。ゴミ置き場に来ているカラスに逆襲されるのが怖いため、追い払うことができないのである。

マスコミの影響により、カラスは獰猛で怖い生きものだという認識が日本人の頭の中にできてしまった。だから、恐ろしくて追い払うことができない。そのためカラスは図に乗り、人が近づいても平気でゴミをあさり続けるのである。

これはなんだかコンビニの前にたむろし、ゴミを散らかす若者を注意できない状況ととてもよく似ている。若者もカラスも怖いので、見て見ぬふりをする。これでは事態はますます悪化する。毅然とした態度でカラスを追い払わなければいけない。私の経験では、カラスが逆ギレして襲ってくることはないからご安心を。

野生動物とのつきあい方

給餌にしても、追い払えないことにしても、根本には野生動物とのつきあい方の問題が潜んでいる。

私が制作したカラス番組を放送したとき、地方に住む方から電話をいただいたことがある。「ゴミを置いておいて、野生動物であるカラスに食べられるのは当たり前だ。都会人はそんなことも知らないのか」という内容であった。そう、野生動物だとは思っていないのだ。

それはカラス問題と野良ネコ問題を同列に取り上げるテレビ番組を見ればわかる。カラスは野生動物であるが、ネコは家畜であり野生動物ではない。そのちがいは歴然としており、対策も関係する法律も異なるはずなのに、同じように取り扱う。

野生動物であるカラスには、給餌の必要はないし、してはいけないのである。給餌がないと生きていけないと思っているのは、給餌している人だけの思い上がりである。

また、人のそばに来たら追い払うことも必要である。かつては畑を荒らされれば、人は動物を追い払っていた。これはかわいそうなことでもなんでもない。人と野生動物はある程度の距離を置かなければ、いっしょに暮らしていくことはできない。

ところが、日本の教育には野生動物とのつきあい方を教える場がない。いまだに給餌を助長する風潮があったり、家畜や野生動物をごちゃまぜにした理科や生活科の教科書を使ったりしている。これでは正しい自然観が身につくわけがない。

カラスの迷惑・人の勝手

なる。

カラス問題を調べていくと、つくづく人は傲慢で怠惰な生きものであるという思いが強くなる。

「東京にはカラスが多すぎる。何とかしろ」という苦情が都の行政窓口にたくさん寄せられるという。なかには「区で機関銃を買って撃ち殺してくれ」などとんでもないことをいってくる人もいるという（矢崎、二〇〇二）。とにかく行政に寄せられるカラスの苦情を知ると、暗澹たる気持ちになる。

「鳥獣の保護及び狩猟の適正化に関する法律」により許可がないとカラスは殺せないことを説明すると、「ふざけるな」と怒る人がいる。「カラスごときのために、人間がなぜがまんしなければいけないのだ」という。「カラスごとき」という言葉でわかるように、この人は、カラスが下等で人間が上等であるという思い上がった考えの持ち主である。

カラスがもし言葉をしゃべれたら、「ふざけるな」というにちがいない。

「食べてくださいといわんばかりにゴミを無造作に出したのは、あんたたちじゃないか。それを食べて怒るとはあまりにもひどい」とカラスは思っているだろう。カラスの被害を招いたのは、まぎれもなく人間の行為である。それなのにすべてをカラスに押しつけるとは、あまりにも理不尽である。

二〇〇六年三月、私は久しぶりに早朝の銀座の街にカラスの様子を見に行った。そのころには、すでに東京のカラスが減っている実感があったので、銀座もさぞかし静かになっているだろうなあと思って出かけた。ところが実際には、銀座の状況は十年前とほとんど変わっていなかった。どの道にもカラスがたくさんいたのである。

その理由は簡単で、ほとんどのゴミにカラス対策がされていなかったからだ。たとえば、並木通りには二九か所でゴミが積まれていたが、そのうちネットをかけてあるのが二か所、ポリ容器だったところが二か所あっただけだ。これだけカラス、カラスと騒いでいても、いっこうに気にならない店舗がたくさんあるのが現実なのだ。

カラスに荒らされるゴミ置き場は決まっている。そのゴミ置き場を使う人こそ、ネットをかけるか、夜間収集に参加してくれないと困るが、そんな場所にゴミを出す者はきまって無頓着で何も考えていないことが多い。その無責任さが他人に迷惑をかけるのである。これは、先に述べたように、住宅地でも同じである。

ようするに、カラス問題の根本は、こういった社会のルールにまったく関係ない人たちをどうするかである。これを解決しなければ東京のカラス問題は解決しない。いくら大多数の人が気をつけていても、少しでも無法者がいれば台無しになってしまうのである。

その状況に対処するためには、きびしい態度で望む必要があるのではないだろうか。

シドニーでは、台車が決められた方向に向いていないとゴミを持っていてもらえないという。また、ゴミ箱のふたの隙間から紙が一枚でも顔を出していたらだめなのだそうだ。韓国では、指定ゴミ袋以外の使用、指定日以外のゴミの排出は、百万ウォン（約十二万八千円）の罰金。ニューヨークでは不法投棄は二万ドル（二百四十万円）の罰金、もしくは逮捕であるという（峰岸、一九九九）。

それに比べると、日本はまだ生ぬるい。ゴミ袋が半透明になったのは、ガスボンベが混入したため、収集車が火災になったからである。そんな大事になっているにもかかわらず、いまだにルールを守るようお願いするしかないのはどうなのだろう。

いくらカラスを捕まえて殺しても、食べ物があればまた増える。ルールを守ることができない人間がいるかぎり、少なくなったカラスがまた元に戻ってしまうのは目に見えている。

カラスは、都会人のライフスタイルを映し出す鏡だとよくいわれる。本書をここまで読んでいただいて、このことはよくおわかりいただけたと思う。カラスの生きている姿を謙虚に見つめることで、自分たちの暮らしがいまどうなっているかを知ってほしい。それが、カラス問題解決のいちばん大切なことである。

動物の専門家を行政に

二〇〇六年秋は、各地でツキノワグマやイノシシが市街地にも出没し、大きな問題となった。大型獣は、カラスに比べて危険なため事態は深刻である。ツキノワグマやイノシシだけでなく、ニホンザル、エゾシカ、ニホンジカ、カワウ、ムクドリなど、今世紀になって野生動物が起こす人との軋轢は、ますます増える傾向にある。

その軋轢を解消するには、専門家の力がなによりも必要なのは明らかである。専門家による野生動物の管理「ワイルドライフ・マネージメント」をおこなわなければならない。

カラス問題も同じである。ところが、東京都がおこなっているカラス対策は、まったく専門家がかかわっていない。

東京都のカラス対策は、二〇〇一年九月三日に発足した「カラス対策プロジェクトチーム」が制作した報告書が元になっているようだ。プロジェクトチームというからには、カラスに詳しい人が集まっていると思うだろう。ところが実際には、公募で集ったメンバーはカラスに対してまったく素人であった。その人たちが、たった一か月間の猛勉強でつくり上げた報告書なのだ。そして、すぐに解散してしまった。それが、現在東京でおこなわれているカラス対策の実情である。

日本野鳥の会などでは、専門家を結集して対策を立てるべきであると東京都に提言したが(http://www.wbsj.org/topics/karasu/tokyo_2.html)、聞き入れられることはなかった。なぜこれほどまでに専門家の協力を拒むのか、理解に苦しむ。

私はカラスに限らず鳥獣行政の方のお話を聞く機会があるが、現場の方は相当な苦労をされている。動物の知識に明るいわけでもないのに、人事異動によって配属されてしまったので、勉強しながら仕事をしているのである。なかには「カラスにあたってしまった」と表現する人もいるという(矢崎、二〇〇二)。

しかし、はっきりいう。野生動物の対策は素人では無理である。やはり大学で生態学を専攻してきた人材でないとできない。配属後にいくら猛勉強しても、専門の教育を受けていないとかなりきびしいのが現実である。

専門家がいないわけではない。私は大学では生態学を専攻したが、こういった分野に進学すると、いちばんの問題は就職先である。理想的なのは大学や博物館に籍が置けることであるが、求人数は非常に少ない。だから、博士号まで取得した研究者が就職できずにいる。日本には、せっかく勉強してきたことが生かせる就職の場があまりにも少ないのだ。

それでもここ数年、地方ではいくらか専門家が行政に登用されるようになってきた。北海道環境科学研究センターや岩手県環境保健研究センターなどには、専門の研究者が勤務している。しかし、そこで働く専門家の数はまだとても少ない。

また、兵庫県では森林・野生動物保護管理研究センターが二〇〇七年四月から設置される予定だと聞く（http://web.pref.hyogo.lg.jp/af14/af14_000000003.html）。野生動物保護管理を専門におこない、ワイルドライフ・マネージメントのスペシャリストを雇用するという。兵庫県は、ツキノワグマやイノシシなどとの軋轢が深刻化している背景があり、必要に迫られているのだろう。しかし、ここまで来るには関係者の並大抵ではない努力があったとも聞く。

カラスでいちばん頭を悩ませているはずの東京都には、このような施設も組織もないし、いまのところ構想も聞かない。カラスごときで人を雇うことはできないというのが本音だろう。しかし、東京も奥多摩にはツキノワグマやニホンザル、ニホンジカが生息し、すでに軋轢を生じさせている。そのことからも兵庫県のような仕組みをつくるべきである。

そして、やはり動物専門の機関が国にあるべきである。動物には行政区分がない。とくに鳥の場合は飛翔するので広範囲を移動する。したがって県や市町村によってその対応にちがいがあっては、せっかく対策をこうじても障害になる。だから国レベルで対応できる組織が必要なのだ。

ワイルドライフ・マネージメントの先進国アメリカには、内務省に魚類野生生物局という組織がある。野生生物の保護と管理をおもな仕事としており、その生息地である国立公園の管理運営もおこなう。私は何回かアメリカで魚類野生生物局の研究者と仕事をしたが、日本とはあまりにもちがうことばかりで驚く。人事異動でまったく動物のことがわからない人材が動物の管理にあたることは考えられない。日本の環境省にもアメリカの魚類野生生物局と同じような組織をつくることが急務であろう。

カラスごときでずいぶん大げさな話になってしまったが、ここまで本気にならなければ、野生動物との軋轢はいつまでたっても解決することはできないと私は思う

環境省に野生生物の専門の組織をつくり、専門家である研究者をたくさん雇用する。生物の分野は広く、哺乳類を専攻してきた人が鳥をやることはできないし、昆虫もできない。それぞれの分野に明るい人材がどうしても必要である。そうすることによって、カラスを含めて野生動物との共存が可能になるのである。

あとがき

私はカラスの本や番組をつくるときに、いつも思うことがある。内容がかなりカラス側に偏った視点なので、困っている人からお叱りを受けないかということである。とくに番組の場合は、放送中に電話がかかってくるたびにドキッとする。もちろん内容には自信があるのだが、切実な人はほんとうに困っているので叱られるのではないかと、じつは戦々恐々としている。

ところが、いまのところお叱りは一度もない。それどころか多くの視聴者や読者からカラスの事情がよく理解できたという反響をいただいた。「たしかにそうだよなあ」と思っていただけたのである。相手を理解するためには、その立場に立って考えなければならない。

私はカラスと向き合うようになってからさまざまなことを学んだが、そのなかでもっとも重要だと思っているのが、この「相手の立場に立って考える」ということである。言葉が通じないカラスを理解するためには、カラスの気持ちにならなければならない。そうすることによって、ことの本質が見えてくる。これはカラス問題だけではなく、すべてのことに共通する大切なことであると思う。私は、ものごとを多面的にとらえることの重要性をカラスから教えてもらった気がするのである。

いま、日本社会を顧みると、相手の立場になって考えることがあまりないように感じる。独善的な考えが幅をきかせ、自分にとって邪魔なものは排除する傾向が強まっているふうにも思う。その傾向は子どもにもあらわれ、それがいじめなどの問題につながっている気がして心配でならない。私がカラスをとおして学んだように、相手を理解し、尊重して考える大切さを本書から少しでも感じとっていただけたら嬉しく思う。

本書では、カラスの研究に携わっている方々のたくさんの仕事を引用させていただいた。とくに、東京大学の樋口広芳先生や森下英美子さん（現・エコプロデュース）、および研究室の方々には取材協力など、たいへんお世話になった。

宇都宮大学の杉田昭栄先生、京都大学の松原始さん、都市鳥研究会代表の唐沢孝一さん、国立科学博物館附属自然教育園の濱尾章二さんには文献を送っていただいたり、知識や情報などをご教授いただきお世話になった。

札幌の中村眞樹子さんには、蛇口をひねるカラスの貴重な映像を送っていただいた。カラスメーリングリストなどで情報交換をさせてもらっている全国のカラス仲間の皆さんとの議論や考え方は、本書を書くうえでとても参考になった。とくにメーリングリストの管理をされている武藤幹生さんには、自然教育園の取材や相談などでもお世話になった。そのほかにも取材などでお世話になった方々は数え切れないくらいである。この場を借りてお礼申し上げたい。

最後に、私のカラス研究の大半は、かつて勤務していた番組制作会社「元」での仕事であった。カラスにこれだけじっくりと取り組めたのは、昨年暮れに他界された代表取締役の釘宮秀介さんの理解があったからである。本書を読んでいただけないのがとても残念だが、そのときの成果が出版できたことを喜んでいただけたと思っている。

二〇〇七年一月二十四日

柴田佳秀

学会2002年大会講演要旨集』p100
杉田昭栄（2002）『カラスとかしこく付き合う法』草思社
斉藤真人（1999）「東京都におけるゴミ収集の現状」『とうきょうのカラスをどうすべきか　第2回シンポジウム報告書』日本野鳥の会東京支部
玉田克己（2006）「北海道釧路支庁管内におけるワタリガラスの生息状況」『日本鳥学会2006年大会講演要旨集』p103
東京都環境局（2001）「カラス対策の取組状況について（中間報告）」http://www2.kankyou.metro.tokyo.jp/oppai/karasu/karasupuress/press141225.htm
東京都中央卸売市場（2006）『「市場環境白書2006』
環境相自然保護局（2001）『自治体担当者のためのカラス対策マニュアル』
内田清一郎（1985）『鳥の学名』ニュー・サイエンス社
植田睦之（2006）「頼りにならない奴はいらない！　ツミのまわりで繁殖しなくなったオナガ」『日本鳥学会2006年大会講演要旨集』p121
上田恵介・福居信幸（1992）「果実食者としてのカラス類Corvus spp.:ウルシ属Rhus spp.:に対する選好性」『日本鳥学会誌』40：67～74
上田恵介（1987）『一夫一妻の神話』蒼樹書房
山岸 哲（2002）『オシドリは浮気をしないのか』中公新書

※本書の図版はすべて柴田佳秀による

Movements of Crows in Urban Areas, Based on PHS Tracking. Global Envirronmantal Research 7 (2), 181-191
峰岸典雄（1999）「世界の主要43都市における生ゴミ収集方法について――日本との比較」『とうきょうのカラスをどうすべきか　第2回シンポジウム報告書』
松原 始（1999a）「『とうきょうのカラスをどうすべきか』をどうすべきか――弁護側の極言」『とうきょうのカラスをどうすべきか　第1回シンポジウム報告書』日本野鳥の会東京支部
松原 始（1999b）「京都市内におけるハシブトガラスとハシボソガラスの比較」『とうきょうのカラスをどうすべきか　第2回シンポジウム報告書』日本野鳥の会東京支部
真木広造・大西敏一（2000）『日本の野鳥590』平凡社
中村浩志（2004）『甦れ、ブッポウソウ』山と渓谷社
日本鳥学会（2000）『日本鳥類目録改訂第6版』日本鳥学会
仁平義明・樋口広芳（1997）「ハシボソガラスの自動車利用行動の発生と広がり」『現代のエスプリ第359号　行動の伝播と進化』至文社
中村純夫（2000）「高槻市におけるカラス種の営巣環境の比較」『日本鳥学会誌』49：39～50
シートン（1981）『シートン動物記（上）』小林清之介訳　旺文社文庫
鈴木栄三・広田栄太郎（1959）『故事ことわざ辞典』東京堂出版
菅原 浩・柿澤亮三（2005）『鳥名の由来辞典』柏書房
相馬雅代・長谷川寿一（2002）「餌場で仲間を呼ぶカラス」『日本鳥

唐沢孝一（2003）『カラスはどれほど賢いか』中公文庫
唐沢孝一・越川重治（2006）「第5回都心に於けるカラスの集団塒の個体数調査（2005年）——20年間（1985～2005年）の個体数の変遷」URBAN BIRDS:23（64）
黒沢令子・成末雅恵・川内博・鈴木君子（2000）「東京におけるハシブトガラスと生ゴミの関係」Strix:18 ,71-78
川内博（2003）「全国8大都市（札幌・仙台・新潟・名古屋・京都・大阪・広島・福岡）における鳥類の生息状況について」URBAN BIRDS:20（61）,3-20
黒沢令子（2001）「首都圏自治体のカラス対策はどこまで進んでいるか」『第4回カラス・シンポジウム　とうきょうのカラスをこうして減らす・2　要旨』
国立科学博物館附属自然教育園（2004）『都市に生息するカラス類と人間との共存の方策の研究　調査報告書（平成12年度～15年度）』
小泉武夫（2003）『不味い！』新潮文庫
松田道生（2000）『カラス、なぜ襲う』河出書房新社
松田道生（2006）『カラスはなぜ東京が好きなのか』平凡社
Steve Madge and Holary Burn（1994）. *Crows and Jays.* CHRISTOPHER HELEM. London
Ｅ・Ｓ・モース（1970）『日本その日その日2』石川欣一訳　平凡社
Ａ・Ｔ・モフェット（1985）「すべるから見ててね　ワタリガラスの雪すべり」『野鳥470号』日本野鳥の会
Emiko Morishita, Kiyoshi Itao, ken Sasaki and Hiroyoshi Higuchi（2003）

【主要引用・参考文献】

有田一郎（2003）「江戸時代中期から後期にかけての江戸市中のカラス類」URBAN BIRDS:20（61）,21-28

有田一郎（2004）「江戸時代後期に江戸山の手に生息していたハシボソガラス　ハシブトガラス優占を招いた江戸と東京の共通点（試論）URBAN BIRDS:21（62）,33-45

Thomas Bugnyarf1 and Kurt Kotrschal（2002）. *Observational learning and the raiding of food caches in ravens, Corvus corax: is it 'tactical' deception?* Animal Behaviour, 64（2）185-195

Bednekoff P. A. and Baldar R. P.（1996）. *Social caching and observational spatial memory in pinyon jays.* Behaviour,133.11-12

平岡恵美子ほか（2006）「マガモ、オナガガモおよびミヤマガラスの渡り衛星追跡」『日本鳥学会2006年大会講演要旨集』p105

Hiroyoshi Higuchi（2003）*Crows Causing Fire.* Global Environ.Res. 7（2）161-164.

樋口広芳・森下英美子（2000）『カラス、どこが悪い』小学館文庫

バーンド・ハインリッチ（1995）『ワタリガラスの謎』渡辺正隆訳どうぶつ社

早矢仕有子・岩見恭子（2001）「鉛中毒のトビやカラスが見つからない理由——採餌行動の種間比較」『日本鳥学会2001年大会講演要旨集』p128

池田真次郎（1957）「カラス科に属する鳥類の食性について」『鳥獣調査報告第16号』農林省林野庁

国松俊英（2000）『カラスの大研究』PHP研究所

【著者プロフィール】
柴田佳秀（しばた・よしひで）
◉科学ジャーナリスト。1965年東京生まれ。東京農業大学農学科卒。生態学専攻。番組制作会社に勤務し、「土曜特集」「生きもの地球紀行」「地球！　ふしぎ大自然」などのNHK自然番組を多数制作する。2005年からフリーランスとして本の執筆、幼児対象の自然観察会講師、講演会などもおこなっている。著作には『鳥の雑学がよ〜くわかる本』（秀和システム）、『わたしのカラス研究』（さ・え・ら書房）がある。所属：日本鳥学会会員、都市鳥研究会会員、バードリサーチ会員、日本科学技術ジャーナリスト会議会員。
http://homepage3.nifty.com/shibalabo/

装丁●山田道弘
本文デザイン●菊池忠敬

寺子屋新書023

カラスの常識

発行日……2007年 2月28日　第1刷発行
　　　　　2020年 2月 4日　第5刷発行

著者………柴田佳秀
発行者……奥川　隆
発行所……子どもの未来社
〒113-0033
東京都文京区本郷3-26-1 本郷宮田ビル4F
TEL03（3830）0027　FAX03（3830）0028
振替　00150-1-553485
E-mail：co-mirai@f8.dion.ne.jp
http://comirai.shop12.makeshop.jp/

印刷・製本…株式会社シナノ

Printed in Japan　ISBN978-4-901330-73-2